Maren Sellmann

Agil, klassisch, hybrid

Chancen und Risiken verschiedener
Projektmanagement-Methoden im Vergleich

Maren Sellmann

AGIL, KLASSISCH, HYBRID

Chancen und Risiken verschiedener
Projektmanagement-Methoden im Vergleich

ibidem
Verlag

Bibliografische Information der Deutschen Nationalbibliothek
Die Deutsche Nationalbibliothek verzeichnet diese Publikation in der Deutschen Nationalbibliografie; detaillierte bibliografische Daten sind im Internet über http://dnb.d-nb.de abrufbar.

Bibliographic information published by the Deutsche Nationalbibliothek
Die Deutsche Nationalbibliothek lists this publication in the Deutsche Nationalbibliografie; detailed bibliographic data are available in the Internet at http://dnb.d-nb.de.

ISBN-13: 978-3-8382-1324-8

Printed in the EU

Inhaltsverzeichnis

Tabellenverzeichnis

Abbildungsverzeichnis

Abkürzungsverzeichnis

CMM	Capability Maturity Model
GI	Gesellschaft für Informatik e.V.
GPM	Deutsche Gesellschaft für Projektmanagement e.V.
IPMA	International Project Management Association
ITIL	Information Technology Infrastructure Library
KPI	Key Performance Indicator, betriebswirtschaftliche Leistungskennzahl
LeSS	Large-Scale Scrum
MAP	Meta Agile Process Model
PMI	Project Management Institute e.V.
PMO	Project Management Office
RUP	Rational Unified Process, Vorgehensmodell zur Softwareentwicklung
SAFe	Scaled Agile Framework
u.v.m.	und viele mehr
XP	Extreme Programming, Vorgehensmodell zur Softwareentwicklung

Einleitung

„Projektmanagement ist eine der interessantesten und herausforderndsten Aufgaben im beruflichen Umfeld. Warum? Es gibt kaum eine andere Tätigkeit, die so vielseitig ist und so hohe Anforderungen an die fachlichen, methodischen aber auch die sozialen Kompetenzen stellt“ (Hemmerich/Harrant/Kamiske 2016, S. 1).

Im Rahmen dieser Arbeit mit dem Thema „Agil, klassisch, hybrid - Chancen und Risiken verschiedener Projektmanagement-Methoden im Vergleich“ soll ein Überblick über aktuell in der Praxis genutzte Projektmanagement-Methoden gegeben und deren Chancen und Risiken für Unternehmen auf mehreren Ebenen beleuchtet werden. Hierbei wird im Vordergrund die Frage beantwortet, ob eine Projektmanagement-Methode anderen gegenüber im Vorteil ist - zum Beispiel in Bezug auf deren Umsetzbarkeit, entstehende Kosten, personelle Ressourcen oder Zeitersparnisse. Der Fokus dieser Arbeit wird dabei auf IT-Projekten liegen, um die Thematik einzugrenzen. Als Ziel soll am Ende der Ausarbeitung eine Zusammenfassung für Unternehmen gegeben werden, die eine bestimmte Projektmanagement-Methode für den jeweiligen Unternehmensalltag empfiehlt - oder mehrere Methoden als gleichwertig erklärt. Die Arbeit soll auch einen Überblick über häufig genutzte Methoden geben, diese näher erläutern und für verschiedene Branchen und diverse Bereiche austesten. So kann für Unternehmen die Entscheidung für oder gegen eine Methode des Projektmanagements im Idealfall auf Basis der nachfolgenden Ausführungen stattfinden. Hierfür wird ein praktisches Instrument erarbeitet, welches ein Unternehmen nutzen kann, um eine Methode auszuwählen oder die Nutzung der aktuellen Arbeitsweise zu überprüfen. Die zentralen Forschungsfragen dieser Arbeit sollen sein:

Forschungsfrage 1: Welche Vor- und Nachteile haben verschiedene Projektmanagement-Methoden und gibt es Modelle, die anderen überlegen sind?

Forschungsfrage 2: Wie kann anhand eines praktischen Instruments herausgestellt werden, welche Methode sich für spezielle Branchen, Produkte oder Projekte besonders gut eignet?

Die nachfolgenden Kapitel im ersten Abschnitt der Arbeit dienen als Einführung in die Thematik. Die Problemstellung soll näher erläutert und anschließend der Aufbau der Arbeit dargelegt und die Forschungsmethodik beschrieben werden.

Einführung in die Thematik und Problemstellung

Vor rund 15 Jahren kam ein „Hype" rund um agile Projektmanagement-Methoden auf. Die Zeit danach war geprägt von Diskussionen und Unstimmigkeiten zwischen den Vertretern agiler und klassischer Methoden. Zuvor war die Auswahl zwischen klassischen Methoden schon nicht unbedingt einfach, doch jetzt kamen ganz neue Vorgehensmodelle hinzu, die es kritisch zu hinterfragen und auszutesten galt. In der weiteren Entwicklung wurde mit agilen Methoden experimentiert, und sogar agile und klassische Methoden kombiniert – wofür die Bezeichnung „hybrid" verwendet wurde. Heute stehen Unternehmen vor der Herausforderung, aus einer großen Anzahl verschiedener Arbeitsweisen wählen zu können - beziehungsweise aus diesen umfangreichen Optionen wählen zu müssen. Dies kann bei fehlendem Know-how zu Lasten der Effizienz stattfinden. Um sich in der Welt der unzähligen Modelle und Vorgehensweisen orientieren zu können, benötigt es ausreichend Zeit und Erfahrung, um Methoden einschätzen und die korrekte Methodik für die eigenen Ziele auszuwählen und auch entsprechend der jeweiligen Philosophie anzuwenden.

Diese Arbeit soll im Unternehmensalltag dabei helfen, den Überblick über verschiedene Methoden im Bereich des IT-Projektmanagements und deren jeweilige Vor- und Nachteile zu erhalten oder zu ermöglichen. Dabei werden Chancen und Risiken der Vorgehensweisen auf verschiedenen Ebenen beleuchtet und miteinander verglichen. Zusätzlich fließen in die Erläuterungen Expertenmeinungen mit ein, die

die Erkenntnisse aus der Literatur und aus Studien untermauern, sodass am Ende ein möglichst ganzheitliches Bild über die aktuelle Situation im Bereich der Projektmanagement-Methoden geboten wird.

Zielsetzung der Arbeit

Ziel dieser Arbeit ist es, die komplexe Literatur auf dem Fachgebiet der Projektmanagement-Methoden zusammenzufassen und zu strukturieren. Der Fokus soll hierbei nicht auf der Erläuterung verschiedener einzelner Vorgehensweisen liegen, denn dies ist innerhalb der jeweiligen Methoden in den unzähligen Fach- und Lehrbüchern in ausreichender Form bereits gegeben. Vielmehr soll diese Arbeit diverse Methoden anhand mehrerer Kategorien vergleichen und Stärken und Schwächen identifizieren. Hierbei werden unter anderem finanzielle, personelle und Qualitätsaspekte berücksichtigt, aber auch ein Augenmerk auf die praktische Umsetzbarkeit der Vorgehensmodelle gelegt. So soll ein umfassender Vergleich der Methoden möglich sein. Zusätzlich wird ein Hilfsmittel erarbeitet, das Unternehmen die Auswahl einer Projektmanagement-Methode erleichtert oder die Voraussetzungen für eine Verifizierung der aktuell genutzten Methodik schafft.

Die Verfasserin möchte durch diese Arbeit ermitteln, ob sich bestimmte Arbeitsweisen besonders für spezielle Branchen oder Projekte eignen, und Unternehmen hierdurch dazu anregen, über die aktuell genutzte Methodik nachzudenken, effizient zu arbeiten und neue Impulse aufzunehmen. Ziel ist dabei, das zu erarbeitende Instrument möglichst kurz zu halten und dennoch alle notwendigen Aspekte bestmöglich einfließen zu lassen. Jedoch darf nicht außer Acht gelassen werden, dass im Rahmen dieser Arbeit nur begrenzte Möglichkeiten für die Ausarbeitung eines derartigen Instruments gegeben sind und das Werkzeug daher nur als erste, grobe Orientierungshilfe dienen kann. Es müssen immer auch die spezifischen Rahmenbedingungen mit einbezogen werden, denen sich ein Betrieb gegenübergestellt sieht, und eventuell sind weitere Faktoren zu berücksichtigen. Das Instrument soll folglich nicht als feststehendes Modell, sondern nur als Anregung dienen, auf dessen Basis Entscheidungen in Organisationen aufgebaut werden können. Innerhalb eines größeren Projektes oder einer Studie könnte das erarbeitete Modell im Anschluss weiterentwickelt werden, um eine noch umfassendere Sicht zu bieten.

Aufbau und Forschungsmethodik

Die vorliegende Arbeit teilt sich in verschiedene Themenbereiche auf. Folgend auf die Einleitung finden Begriffsdefinitionen und -Abgrenzungen statt und aktuelle sowie historische Entwicklungen im Bereich der Projektmanagement-Methoden werden erläutert, um das gewählte Thema und den Forschungsstand einzuordnen. Anschließend wird ein Überblick über klassische, agile und hybride Vorgehensweisen gegeben und Unterschiede zwischen den Modellen aufgegriffen. Nächster Themenbereich wird die Erläuterung von Chancen und Risiken sowie Stärken und Schwächen der verschiedenen Methoden sein, wobei dies für einzelne Themenbereiche getrennt beleuchtet werden soll. Als Abschluss folgt ein Zwischenfazit, auf das wiederum der nächste thematische Block folgt, in dem Hinweise rund um Best Practices in dem Bereich der Projektmanagement-Methoden dargelegt werden. Hierbei wird unter anderem auch auf Verbände und Netzwerke eingegangen. Folgend gilt es, die Ergebnisse aus den Experteninterviews und die gewählte Analysemethode näher zu erläutern. Im Detail wird auf unterschiedliche erarbeitete Kategorien eingegangen, die sich aus der Interviewanalyse ergeben haben. Im Anschluss an die Zusammenfassung der Ergebnisse aus der Empirie folgt die Erarbeitung und Diskussion des erstellten Instruments. Abgerundet wird die Arbeit durch ein Fazit, welches gleichzeitig auch einen Ausblick auf die möglichen zukünftigen Entwicklungen im Bereich des Projektmanagements beinhaltet.

Die Methodik dieser Arbeit ist getrennt nach der Literaturarbeit und der Bearbeitung der Experteninterviews zu betrachten. Für beide Bereiche wurde dabei bestmöglich darauf geachtet, die Kriterien wissenschaftlichen Arbeitens einzuhalten und ihnen Rechnung zu tragen (vgl. Balzert et al. 2008, S. 9). Interessant ist, dass kaum aktuelle Literatur zu klassischen Vorgehensmodellen vorhanden ist, während für agile und hybride Methoden viel Material auffindbar ist. Dies stellen auch Kuhrmann et al. fest: „While research on agile software development is rich, traditional processes are widely ignored" (Kuhrmann et al. 2017a, S. 2). Im Rahmen der Literaturanalyse wurde nach quantitativen und qualitativen Elementen ausgewertet. Die Verfasserin hat einerseits quantitativ nach Schlagwörtern gesucht, um passende Literatur zu identifizieren. Darüber hinaus wurden auch Inhaltsverzeichnisse und Abstracts sowie Titel von Büchern und Artikeln aus Fachzeitschriften auf Relevanz für das Thema hin überprüft. Zusätzlich wurde auch nach dem Schneeballprinzip gearbeitet, indem die Literaturverzeichnisse der Quellen analysiert wurden (vgl. Balzert et al. 2008, S. 94). Anschließend wurden die vielversprechendsten Quellen im zweiten Schritt bei Bedarf qualitativ analysiert, um gehaltvolle Textstellen zu erfassen. Insgesamt hat eine eher deduktive Bearbeitung der Sekundärquellen stattgefunden, da bei einigen Inhalten vom allgemeinen Fall auf spezielle Gegebenheiten geschlossen bzw. übertragen werden muss. Einige Quellen charakterisierten sich jedoch auch als so spezifisch, dass in Teilen induktiv gearbeitet wurde. Der Fokus lag jedoch auf einer deduktiven Vorgehensweise.

Die Experteninterviews wurden hingegen mit Hilfe der qualitativen Inhaltsanalyse von Mayring bearbeitet. So konnten die relevanten Textstellen unter Hinzuziehung eines Kategoriensystems strukturiert werden, um Gemeinsamkeiten und Unterschiede in den Aussagen der Experten identifizieren zu können. Die Interviews mit den Experten sind als rekonstruierende Untersuchung mit eingebaut, um „dem Forscher das besondere Wissen der in die Situation und Prozesse involvierten Menschen zugänglich zu machen" (Gläser/Laudel 2010, S. 13). Für die Interviews wurde im ersten Schritt ein halbstandardisierter Interviewleitfaden entwickelt, um eine gewisse Konstanz zu ermöglichen, aber auch Raum für zusätzliche Fragestellungen zu lassen (vgl. ebd., S. 41). Die Interviews wurden anschließend transkribiert und zuletzt mit den Methoden der qualitativen Inhaltsanalyse von

Mayring bearbeitet. Hierbei wurden mehrere Kategorien identifiziert, deren Ausprägung und Relevanz beschrieben wird. [1]

Die Methodik dieser Arbeit stützt sich somit auf eine Mischung aus quantitativen und qualitativen Analysemethoden und folgt damit dem Mixed-Methods-Ansatz. Durch den Einsatz beider Forschungsansätze soll ein möglichst maximaler Erkenntnisgewinn entstehen, wofür eine sinnvolle Verknüpfung der Methoden notwendig ist (vgl. Döring/Bortz 2016, S. 27). Dabei ist festzuhalten, dass gerade die Ergebnisse der Interviews und auch der zugehörige Forschungsprozess auf den situationsspezifischen Interpretationen des Forschers basiert - und die Interviews somit auf Eigenschaften der Sozialwissenschaften beruhen (vgl. Gläser/Laudel 2010, S. 33). Dies gilt es bei der eigenen Interpretation zu beachten.

---

1 Eine nähere Erläuterung zur gewählten Methodik für die Analyse der Interviews und deren Auswertung findet sich in Kapitel 5 dieser Arbeit und in den Anhängen A bis C.

Definitionen, aktuelle und historische Entwicklungen im Bereich der Projektmanagement-Methoden

Im Rahmen dieses Kapitels werden zentrale Begriffe für die vorliegende Arbeit definiert sowie ein Überblick über in der Praxis genutzte Methoden in verschiedenen Ansätzen des Projektmanagements dargestellt. Außerdem wird die historische Entwicklung der Vorgehensmodelle bis heute beleuchtet und der aktuelle Forschungsstand im Themengebiet näher betrachtet, um die Ausgangssituation der Arbeit darzustellen und diese aus Forschungssicht einzuordnen. Dies soll die Basis für die darauffolgenden Erläuterungen zu Chancen und Risiken ausgewählter Methoden unterstützen. Dabei ist zu beachten, dass auf den nachfolgenden Seiten nicht alle Methoden der jeweiligen Bereiche beleuchtet werden, sondern nur eine Auswahl der bekanntesten und häufig genutzten Methoden erläutert werden kann, die die Gesamtsituation in der Wirtschaft allerdings nach Meinung der Verfasserin gut repräsentieren.

Definitionen und Begriffserklärungen

„Projektmanagement wird […] nicht mehr als eine mehr oder minder sinnvoll ausgewählte Sammlung von Methoden aufgefasst, sondern als eine spezifische Erscheinungsform von Management, die in der Zukunft weiter an Bedeutung gewinnen wird, universell anwendbar ist und den Paradigmen der Wirtschaft und der Gesellschaft von heute in hohem Maße entspricht" (Patzak/Rattay 2014, S. 35). An anderer Stelle wird Projektmanagement wie folgt definiert: „Projektmanagement bedeutet die Planung der Gesamtheit an Managementprozessen, unter Berücksichtigung der Koordination und Führung der projektbeteiligten Personen und deren Kooperation untereinander zur Abwicklung des Projektes" (Halamzie 2013, S. 10). Nach Rietz und Steinhoff ist Projektmanagement extern wirkend, indem es die Anforderungen in der Auftragsabwicklung bewältigt, und andererseits intern wirkend, indem es interne Herausforderungen aufnimmt und in den Alltag einbindet (vgl. Rietz/Steinhoff 2016, S. 21). Eine letzte Definition für diese Arbeit findet sich bei Hemmerich, Harrant und Kamiske: „Unter Projektmanagement versteht man die Gesamtheit von Führungsaufgaben, Führungstechniken und Führungsmitteln für die Abwicklung eines Projektes mit der Maßgabe, die am Anfang des Projektes definierten Ziele zu erreichen“ (Hemmerich/Harrant/Kamiske 2016, S.4). Dabei sei Projektmanagement „nicht ausgerichtet auf eine spezielle Projektart, eine bestimmte Projektgröße oder einen eingeschränkten Anwendungsbereich. Die Prinzipien sind generell und flexibel anwendbar“ (ebd.). Wichtiger Aspekt ist dabei, dass Projektmanagement nicht nur eine rein administrative Tätigkeit ist und sich auf Prozesse, Werkzeuge und Planungstools beschränkt, sondern von der Führungskraft auch kreatives Denken erfordert und diverse verhaltensorientierte Aspekte enthält (vgl. ebd.). Zusätzlich zur Führungskraft und dem Team ist dabei immer auch die externe Umgebung zu betrachten, in die das Projekt eingebunden ist: Hierzu zählen beispielsweise die Firmenorganisation und die Kunden (vgl. ebd., S. 4). Außerdem kann und sollte nach Projektarten unterschieden werden, beispielsweise nach Forschungs- und Entwicklungsprojekten, Investitionsprojekten oder Organisations- und IT-Projekten (vgl. Peipe 2915, S. 15). Für diese Arbeit soll der Fokus aufgrund der begrenzten Möglichkeiten nur auf IT-Projekten liegen.

In der Regel ist ein Projekt durch Meilensteine gekennzeichnet, die eine Projektphase starten. Diese Meilensteine können extern definiert oder vom Projektteam festgesetzte Leistungsfortschritte sein (vgl. Patzak/Rattay 2014, S. 30). Meist besteht ein Projekt aus mindestens vier Phasen. Es beginnt mit der Projektstartphase, in der „vor allem die notwendigen Strukturen und Voraussetzungen betreffend der involvierten Systeme geschaffen bzw. beschafft [werden]. Schwergewicht dieser Phase liegt auf dem In-Gang-Setzen“ (ebd., S. 28). Im Anschluss folgen die Projektplanungs- und –Ausführungsphasen. Hierbei wird in der Planungsphase die Vorbereitung der benötigten Projektmanagement-Unterlagen, in den Ausführungsphasen die inhaltliche Bearbeitung der Anforderungen oder Aufgaben eines Projektes vollzogen (vgl. Patzak/Rattay 2014, S. 28). In der Regel finden innerhalb eines Projektes mehrere Ausführungsphasen statt. In dieser zweiten Phase besteht der Schwerpunkt aus der Differenzierung, Zerlegung und Verteilung der Aufgaben (vgl. ebd.) Weiterhin werden Projektkoordinationsphasen unterschieden, die „häufig mit dem Start oder Ende einer entsprechenden inhaltlichen Ausführungsphase verknüpft [sind], weshalb solchen Phasenübergängen aus der Sicht des Projektmanagements besondere Aufmerksamkeit gebührt" (ebd.). Das bedeutet: Im Rahmen einer Koordinationsphase wird eine Ausführungsphase abgeschlossen, Ergebnisse werden dokumentiert und als Rahmenbedingungen für die nächste Phase transferiert, dann wird die nächste Ausführungsphase gestartet (vgl. ebd.). Diese Rückkopplungen werden innerhalb eines Projektes in der Regel mehrmals durchlaufen. Somit werden in dieser Phase Zwischenergebnisse ermittelt und das Anforderungsmanagement sowie das Management von Abweichungen und Veränderung spielt eine große Rolle. Der Fokus dieser Phase liegt auf der Integration (vgl. ebd.). Die vierte und letzte Phase ist die Projektabschlussphase, in der das Projekt beendet wird und im Optimalfall ein Lerntransfer stattfindet (vgl. ebd., S. 29).

Im Rahmen des IT-Projektmanagements werden diese Phasen häufig noch erweitert bzw. abgewandelt. Hier sprechen wir in der ersten Phase von der Projektvorbereitung, die einen konkreten Projektauftrag zum Ziel hat (vgl. Winkelhofer 2005, S. 15). In der zweiten Phase, der Konzeption, werden verschiedene Alternativkonzepte entwickelt, auf die dann die Spezifikationen des Systems folgen (vgl. ebd.). Anschließend folgt die Realisierung und Dokumentation des Systems, welche durch die Implementierung abgeschlossen wird, die auch die Bereiche Abnahme, Schulung und Inbetriebnahme enthält (vgl. ebd.). Als letzte Phase ist der Betrieb eines Systems zu sehen.
Eine Übersicht über typische Aufgaben, die im Rahmen von Projektmanagement auftreten, zeigt die folgende Tabelle:

Management-Aufgaben	Projektmanagement-Aufgaben
Planung	Projektstrategie Projektdefinition Planung der Umfeldbeziehungen Erfassen der Projektrisiken Leistungsplanung Erfassen der Arbeitsaufträge Qualitätsplanung Terminplanung Ressourcenplanung Kostenplanung Finanzplanung
Organisation, Koordination, Kommunikation	Rollendefinition Aufgaben- und Verantwortungsverteilung Gestaltung des Informationsflusses Gestaltung der Kommunikation im Projektteam und mit den Stakeholdern Projektmarketing Schnitt- und Nahtstellenmanagement Gestaltung von Werten, Normen, Regeln
Führung	Mitarbeiterauswahl Förderung der Zielklarheit und Zielakzeptanz Förderung der Entwicklung der Teammitglieder Förderung der Zusammenarbeit der Teammitglieder Initiierung von Veränderungen Förderung der Arbeitsbedingungen Herbeiführen von Entscheidungen Teamauflösung
Steuerung, Controlling	Erfassung und Bewertung des Fortschrittes Integrierte Steuerung von Qualität, Terminen, Ressourcen, Kosten, Finanzmitteln Maßnahmenplanung zur Steuerung Verfolgung der Entwicklung kritischer Erfolgsfaktoren / der Risiken Anordnung von korrektiven Maßnahmen

Tabelle 1: Projektmanagement-Aufgaben. Quelle: Eigene Darstellung in Anlehnung an Patzak/Rattay 2014, S. 25.

Hieraus wird ersichtlich, dass die im Projektmanagement anfallenden Aufgaben zahlreich und sehr vielfältig sind. Dies erfordert ein hohes Know-how und einen breiten Erfahrungsschatz von Projektmanagern und zeigt auf, dass Kompetenzen in verschiedenen Bereichen notwendig sind, um Projekte zu steuern.

Letztlich lassen sich Projekte hinsichtlich verschiedener Gliederungskriterien in diverse Projektarten aufteilen. Als Kriterien werden dabei zu Rate gezogen: Der Projektinhalt, die Stellung des Kunden bzw. des Projektauftraggebers, der Grad der Wiederholung, die beteiligten Organisationseinheiten und der Schwierigkeitsgrad (vgl. Patzak/Rattay 2014, S. 22).[2] Patzak und Rattay führen weiterhin aus, dass „professionelles Projektmanagement nicht heißt, alle Projektmanagement-Methoden und -ansätze aus dem Instrumentenkoffer des Projektmanagements unter allen Umständen und in gleicher Ausführlichkeit einzusetzen, sondern die Projektmanagementmethoden situativ bzw. projektartenspezifisch so zu verwenden, dass möglichst großer Nutzen in Bezug auf den eingesetzten Aufwand erzielt wird" (ebd., S. 23). Festzuhalten ist, dass Unternehmen erst einen gewissen Reifeprozess durchlaufen müssen, bis unternehmensspezifische Standards in Bezug auf das Projektmanagement festgelegt werden sollten, wofür sich eine Kategorisierung nach drei Reifegraden anbietet: Zum Einstieg ist das primäre Ziel die Kostendeckung, weshalb eine Standardisierung der Projektmanagement-Methode in den Hintergrund rückt (vgl. Hanschke 2010, S. 349f). Im zweiten Schritt des Reifeprozesses werden verbindliche Vorgaben für Projekte entwickelt, die dann auch weitestgehend zum Einsatz kommen – Ziel ist hier, eine Kosten- und Zukunftsfähigkeit zu erlangen (vgl. ebd., S. 350). Im dritten und letzten Prozessschritt ist die Steigerung der Qualität das zentrale Ziel, weshalb hier auch weitergehende Anpassungen der genutzten Methoden denkbar sind (vgl. ebd.).

2 Für eine detaillierte Übersicht der Gliederungskriterien von Projektarten wird vertiefend auf Patzak/Rattay 2014, S. 21f verwiesen.

Historische Entwicklungen und aktueller Forschungsstand

Schon zu Beginn der Softwareentwicklung gab es Überlegungen zu den optimalen Arbeitsweisen, um ein Entwicklungsprojekt voranzutreiben, wobei der Fokus vorrangig auf der Programmierung lag (vgl. Kneuper 2015, S. 15). Zwischen Alan Turing, der als erster ein grobes Vorgehen zur Bearbeitung von Softwareprojekten beschrieb, bis hin zu Benington, der ein erstes Phasenmodell entwickelte, und Weinberg, der als erster über iterative Vorgehen berichtet, lagen nur wenige Jahre (vgl. ebd., S. 16). Diese Theorien hatten vorerst jedoch wenig Erfolg; erst 1970 entwickelte Royce ein Vorgehensmodell, welches „heute oft als ‚die' Referenz für Wasserfallmodelle bezeichnet wird" (ebd., S. 16). Er schloss dabei einen Rückschritt zu vorherigen Phasen nicht kategorisch aus.

In den 80er-Jahren rückten zunehmend auch Qualitätsaspekte und eine systematischere Betrachtung in den Vordergrund, was „zur Herausgabe der ersten Version der ISO 9000er-Normenreihe und etwas später zu IT-spezifischen Ansätzen wie CMM, V-Modell und ITIL" (ebd., S. 17) führte. Insgesamt mündete diese Entwicklung in den 90er-Jahren in einen intensiveren Austausch zu Softwareprozessen und Vorgehensmodellen, Tagungsreihen und ersten Büchern. Dabei ist festzuhalten: Die „Schwerpunkte der Arbeit in dieser Zeit waren die Modellierung und Anpassung (Tailoring) von Softwareprozessen sowie deren Unterstützung durch Werkzeuge" (ebd., S. 17). In dieser Zeit veröffentlichte Vorgehensmodelle stammten meist aus einem Umfeld, welches durch große und komplexe Systeme charakterisiert war. Weiteres Augenmerk lag auf einer sehr detaillierten Beschreibung der Arbeitsweisen, wie sie beispielsweise auch noch im Rational Unified Process (RUP) zu finden ist (vgl. ebd., S. 18). Diese detaillierten Ausführungen führten zu zwei Problemfeldern: Technischen Schwierigkeiten einerseits und mangelnder Akzeptanz bei den Entwicklern auf der anderen Seite, auch bezeichnet als Akzeptanz-Problem, aus dem heraus immer klarer wurde, dass die Kritik an klassischen Vorgehen in Teilen auch berechtigt war (vgl. Kneuper 2015, S. 18). Relevanz wurde beispielsweise der Wissensarbeit beigemessen, die die Softwareentwicklung an sich darstellt, für die andere Methoden notwendig sind als in der klassischen Produktion. Diese Thematik war auch verbunden mit einer Diskussion der Unternehmenskultur (vgl. ebd.). Bereits 1986 entwickelten Nonaka und Takeuchi Scrum als Modell des Wissensmanagements, welches anschließend von Schwaber und Sutherland veröffentlicht wurde (vgl. Wirdemann 2011, S. 26). Im gleichen Zuge wurden auch das Anforderungs- und Architekturmanagement sowie die Möglichkeit zu Rücksprüngen in vorherige Phasen kritisch hinterfragt, was zu Ansätzen wie Prototyping und Boehms Spiralmodell führte (vgl. Kneuper 2015). Die Weiterentwicklung dieser Ideen führte zu Extreme Programming (XP) und weiteren neuen Methoden, die iterative und inkrementelle Entwicklung unterstützten, und Werte der heute als agilen Methoden bezeichneten Arbeitsweisen wie Kommunikation, schnelles Feedback und häufige Iteration förderten (vgl. ebd., S. 19). Zur gleichen Zeit entstand in der industriellen Produktion das Konzept der Lean Production, dessen „Grundideen […] dann auch in den agilen Methoden in der Softwareentwicklung aufgegriffen" (vgl. ebd., S. 19) wurden.

Diese Entwicklungen wurden durch die steigende Bedeutung des WWWs gefördert, welches schnelle Reaktionsgeschwindigkeiten voraussetzte und eine Vielzahl kleiner Projekte mit unklaren und wechselnden Anforderungen hervorbrachte (vgl. ebd.). Im Jahr 2001 fand mit dem Treffen von Vertretern der damals noch als „leichtgewichtigen" Methoden bezeichneten Prozesse und der Erarbeitung des Agilen Manifesto die Grundsteinlegung für die heutige Bezeichnung agiler Methoden statt. Gleichzeitig einigten sich die Vertreter auf gemeinsame Werte und Prinzipien der agilen Arbeitsweisen (vgl. ebd.). Anfänglich gab es eine große Uneinigkeit, ob klassische oder agile Methoden der jeweils anderen Vorgehensweise überlegen sind – allmählich setzte sich dann aber die Erkenntnis durch, „dass beide Ansätze ihre Stärken und Schwächen haben, dadurch für unterschiedliche Typen von Projekten geeignet sind, und sich auch nicht notwendig widersprechen, sondern in vielen Fällen eine Kombination von Aspekten beider Ansätze sinnvoll ist" (Kneuper 2015, S. 19). Winkelhofer hält zum heutigen Zustand des Projektmanagements fest: „Projektmanagement verlässt die reine Tool-Ebene, die reine Methoden-Ebene, die Methodik-Ebene, die Instrumenten-Ebene etc. immer stärker und entwickelt sich zu einer selbstständigen Arbeitsweise. [...] Das heißt nicht, dass auf Methoden verzichtet werden kann oder dass sie nur der Systematik oder der Qualität wegen eingesetzt werden. Vielmehr unterstützen die einzelnen Methoden in einer spezifischen Kombination die Erfolgsfaktoren für Projektmanagement" (Winkelhofer 2005, S. 306).

Zu dieser Ansicht trug insbesondere auch das Standard-Werk „Balancing Agility and Discipline: A Guide for the Perplexed" von Boehm und Turner bei, in dem die Autoren mögliche Kriterien zur Auswahl und Kombination von Methoden präsentieren. Weiterhin zeigt sich der aktuelle Forschungsstand als umfangreich. Vereine wie die Deutsche Gesellschaft für Projektmanagement e.V. (GPM) unterstützen und fördern die Forschung auf diesem Gebiet aktiv, organisieren Tagungen oder nehmen an diesen teil (vgl. GPM 2017). Darüber hinaus bekannt ist das Project Management Institute e.V. (PMI), welches Deutschland in vier Regionen aufteilt und in der jeweiligen Region als Ansprechpartner für Interessierte und Plattform zum Austausch fungiert (vgl. PMI 2017). Das PMI entwickelte auch den PMBOK (Project Management Body of Knowledge), der als Standard-Guide für Projektmanagement gilt und fünf Prozessschritte enthält: Initiierung, Planung, Ausführung, Überwachung und Steuerung, Abschluss (vgl. Pfetzing/Rohde 2011, S. 43).

Neben Vereinen und Zusammenschlüssen von Experten existieren Fachmagazine, die sich mit der Thematik auseinandersetzen. Hierunter gibt es klassische Medien, aber auch Online-Magazine. Im Bereich der Lehr- und Fachbücher zeigt sich das Gebiet des Projektmanagements als gut erforscht. Dabei fällt allerdings auf, dass viele Fachbücher sich auf eine Projektmanagement-Methode fokussieren – ein Vergleich der Methoden ist auch vorhanden, aber seltener. Letztlich werden auch Artikel zu Projektmanagement-Methoden in Fachzeitschriften veröffentlicht. Insgesamt ist festzuhalten, dass der Großteil der Literatur zu diesem Thema in den letzten 15 Jahren entstanden ist, was möglicherweise damit zusammenhängt, dass mit dem Erscheinen agiler Methoden der Diskussions- und Erläuterungsbedarf gestiegen ist. Zusätzlich entstehen sowohl an Hochschulen aber auch in Unternehmen und Arbeitskreisen regelmäßig neue Methoden oder Kombinationen aus diesen, die dann im Rahmen eines Fachbeitrages oder einer ausführlicheren Lektüre festgehalten werden. Für die Verfasserin stellt sich diese Ausgangssituation als besonders wertvoll dar, da einerseits eine Vielzahl an Literatur aus verschiedenen Quellen vorhanden ist. Andererseits entsteht dadurch erst die Problematik, einen Überblick über die Methoden zu behalten und diese richtig einzusetzen. Gerade im Bereich des Vergleiches verschiedener klassischer, agiler und hybrider Methoden mangelt es nach Ansicht der Verfasserin an Hilfestellungen und praktisch anwendbaren Konzepten. Ein fehlender Baustein auf dem Gebiet des Forschungsstandes soll durch diese Arbeit eingefügt werden.

Klassische Projektmanagement-Methoden

Das zentrale Element klassischen Projektmanagements stellt die Planung dar, und die Methode „lehnt sich eng an das tayloristische Arbeitsverständnis an, in dessen Rahmen Arbeitsschritte nach einem zuvor wohl definierten und erstellten Plan ablaufen" (Halamzie 2013, S. 11f). Die Besonderheit dieser Methoden ist die Annahme, dass „linearkausale Zusammenhänge" bestehen, sodass Wirkungen ausgehend von Anfangsbedingungen exakt zu bestimmen sind (vgl. ebd., S. 12). „Planung beinhaltet das Vorwegnehmen von zukünftigen Entscheidungen und Handlungen" (ebd.), so Halamzie, und so werden unter

Annahme der Bekanntheit aller Projektelemente klare Handlungsstränge entwickelt, die es zu befolgen gilt.

Das wohl am weitesten verbreitete und damit bekannteste klassische Modell ist das Wasserfallmodell, welches die Softwareentwicklung in die Phasen Anforderungsanalyse, Softwaredesign, Softwareimplementierung, Test und Wartung unterteilt, die nacheinander und einmalig durchlaufen werden, wobei ein Rückschritt zur vorigen Phase möglich ist (vgl. Halamzie 2013, S. 12f). Das Modell ist stark von der Planung geprägt, „sodass es die Entwicklung von Software zu einem Gegenstand der Planbarkeit, der Antizipation zukünftiger Ereignisse, sowie klaren Zielvorgaben transformiert (ebd., S. 13). Daraus ergibt sich häufig die Problematik, dass die vorgegebenen Rahmenbedingungen eines Projektes signifikant überschritten werden. Dies ist durch den starren und linearen Ablauf des Modells bedingt - denn alle Anforderungen sind zu Beginn oft nicht klar und präzise zu formulieren, und dementsprechend auch nicht voll vorausplanbar (vgl. ebd., S. 13). Im Rahmen des Wasserfallmodells äußere sich dieses Problem einerseits im einmaligen Durchlauf der Phase Anforderungsanalyse, andererseits in mangelndem Feedback im Entwicklungsprozess (vgl. ebd.). Schon der Schöpfer des Wasserfallmodells, Winston Royce, nannte eine Reinform des Wasserfallmodells als riskant, wobei nur durch Iterationen zwischen den einzelnen Prozessschritten das Risiko verringert werden könnte (vgl. Opelt et al. 2012, S. 35).

Ein weiteres bekanntes und häufig genutztes Vorgehensmodell für Projektmanagement ist PRINCE2, dessen Name für „Projects In Controlled Environment" steht. Es umfasst verschiedene Rollen, Produkte und Prozesse. PRINCE2 definiert sechs Variablen, die einen Projektverlauf beeinflussen können und entsprechend gesteuert werden müssen: „Kosten, Zeitrahmen, Qualität, Umfang, Risiko und Nutzen" (Lorenz/Fiedler/Thaler 2016, S. 70). Insgesamt werden 7 Managementprozesse unterschieden:

- „Starting up a Project (Vorbereiten eines Projektes)
- Initiating a Project (Initiieren eines Projektes)
- Directing a Project (Lenken eines Projektes)
- Controlling a Stage (Managen einer Phase)
- Managing Product Delivery (Managen der Produktlieferung)
- Managing a Stage Boundary (Managen eines Phasenübergangs)
- Closing a Project (Abschließen eines Projektes)" (o.V. 2017).

Weiterhin werden mit Hilfe von sieben Themen die Inhalte des Projektmanagements beschrieben. Dese Themen umfassen: Business Case, Organisation, Qualität, Pläne, Risiken, Änderungen, Fortschritt (vgl. Ebd). Zusätzlich beschreibt PRINCE2 insgesamt neun Rollen mit zugehörigen Verantwortlichkeiten im Projekt. Außerdem werden sieben Prinzipien formuliert, die auch bei Anpassung an die jeweilige Projektumgebung eingehalten werden sollen:

- Fortlaufende geschäftliche Rechtfertigung
- Lernen aus Erfahrungen
- Definierte Rollen und Verantwortlichkeiten
- Steuern über Managementphasen
- Steuern nach dem Ausnahmeprinzip
- Produktorientierung
- Anpassen an die Projektumgebung (vgl. Albers/Hilmer 2016).

Das Vorgehensmodell vereint „eine unternehmerische Sicht auf das Projekt mit expliziter Kosten-Nutzen-Analyse" (vgl. ebd.) und ist daher besonders gut im praktischen Unternehmensalltag anzuwenden. In 2015 ist als Weiterentwicklung das neue Manual „PRINCE2 Agile" von AXELOS vorgestellt worden, welches sich detailliert mit Kombinationsmöglichkeiten von PRINCE2 und agilen Arbeitsweisen beschäftigt (vgl. Albers/Hilmer 2016 & AXELOS 2017).

Weiterhin bekannt ist das sogenannte V-Modell, welches ein „geplantes, risikobasiertes und dokumentiertes Vorgehen“ (Lorenz/Fiedler/Thaler 2016, S. 73) ermöglicht. Das V-Modell „unterstützt die Arbeit von Projekten, indem es Ergebnisse und Abläufe vorgibt, so dass zu keinem Zeitpunkt unnötige Arbeiten und möglichst auch keine Leerlaufzeiten entstehen“ (Cio.bund.de 2017). Innerhalb dieses Modells wird zusätzlich die Kommunikation in einem Projekt geregelt (vgl. ebd.). Zuletzt wurde 2015 die rund 900 Seiten starke Dokumentation auf 500 Seiten vereinfacht (vgl. ebd.). Eine Übersicht über den Aufbau des V-Modells gibt die folgende Abbildung. Das V-Modell arbeitet dabei mit Projekt-Durchführungsstrategien, Entscheidungspunkten und Projekttypen wie Auftraggeber- und Auftragnehmerprojekten (vgl. Dokumentation V-Modell XT 2017). Dabei kann das Projekt im Zuge des sogenannten Tailorings auf die jeweiligen Erfordernisse angepasst werden (vgl. ebd.).[3] Diese Tailoring-Optionen bieten mehr Flexibilität in der Nutzung des Modells und liegen für alle untenstehenden 22 Vorgehensbausteine vor. Eigenschaft des V-Modells ist dabei die strenge Gegenüberstellung von Entwurfsphasen und Teststufen, die in der nachfolgenden Abbildung innerhalb des grauen V zu sehen sind (vgl. Rietz/Steinhoff 2016, S. 40).

---

3 Für detaillierte Informationen zum V-Modell sei an dieser Stelle auf die zugehörige Dokumentation verwiesen: http://ftp.tu-clausthal.de/pub/institute/informatik/v-modell-xt/Releases/2.1/Dokumentation/V-Modell-XT-HTML/1462b145050fcdf1.html.

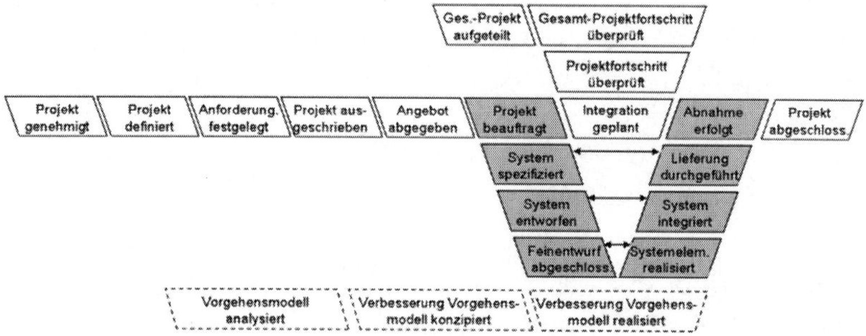

Abbildung 1: V-Modell XT. Quelle: Rietz/Steinhoff 2016, S. 40.

Das V-Modell arbeitet mit einem Lastenheft, das die Anforderungen der Benutzer beschreibt, und einem Pflichtenheft, das darlegt, welche Anforderungen wie umgesetzt werden (Lorenz/Fiedler/Thaler 2016, S. 73). In der Designspezifikation wird erläutert, wie die Umsetzung der Anforderungen erfolgen soll, welche dann auf Basis von Modultest, Funktionstests und Akzeptanztests geprüft und deren Ergebnisse im Anschluss dokumentiert werden (vgl. ebd.). Wie tiefgehend die Tests stattzufinden haben, wird anhand einer Risikoabschätzung definiert; den Rahmen dieses Modells stellen ein Validierungsplan, der die Validierungstätigkeiten beschreibt, und ein Validierungsbericht, der die Ergebnisse festhält, dar (vgl. ebd., S. 73). Gerade in regulierten Bereichen wie der Pharma- oder Medizintechnikbranche oder beispielsweise in der Luft- und Raumfahrttechnik gibt der Gesetzgeber aufgrund eines erhöhten Gefährdungspotenzials strenge Richtlinien vor, wie Produkte hergestellt und die Herstellung dokumentiert werden müssen (vgl. ebd., S. 72)

Weiterhin relevant ist das Modell des Rational Unified Process (RUP), welches von IBM entwickelt wurde und nicht als Projektmanagement-Methode, sondern als Software Engineering Process beschrieben wird (vgl. IBM 2017). Da dieses Modell beispielsweise auch mit iterativen Zyklen arbeitet, und somit auch agile Elemente enthält, kann es nicht als rein klassische Methode angesehen werden, ist jedoch eher in diesem Bereich anzusiedeln als im Rahmen agiler Methoden. Die sechs Best Practices, mit den RUP arbeitet, lauten: „Develop Software iteratively, manage requirements, use component-based architectures, visually model software, verify software-quality, control changes to software" (ebd.). Die folgende Grafik zeigt eine Übersicht des Prozesses, der anhand der beiden Achsen Zeit und Inhalt beschrieben wird. Zusätzlich werden vier Phasen unterschieden, die mit Meilensteinen enden: Inception (Konstruktion), Elaboration (Entwurf), Construction (Konstruktion) und Transition (Übergabe) (vgl. ebd.). Auf der linken Seite werden sechs „core workflows" und drei „core supporting worfklows" unterschieden, welche als Disziplinen innerhalb der verschiedenen Phasen in unterschiedlichen Intensitäten zum Tragen kommen (vgl IBM 2017).[4] Hierzu zählen die Geschäftsprozessmodellierung, die Anforderungsanalyse, die Übertragung der Architektur in ein Design, die Implementierung, das Testen, die Auslieferung sowie als Unterstützungsprozesse das Konfigurations- und Change-Management, das Projektmanagement und die Infrastruktur (vgl. ebd.). Im unteren Teil der Abbildung sind mehrere Iterationen mit der Bezeichnung iter# gekennzeichnet, die innerhalb der einzelnen Phasen vorgesehen sind. Die Abbildung verdeutlicht, dass RUP mit wellenartigen Ausprägungen der Disziplinen arbeitet, die zwischen den unterschiedlichen Phasen verschieden stark sind. Dies veranschaulicht im Rahmen klassischer Modelle erstmals, dass Phasen nicht einheitlich zu betrachten sind und sich benötigte Kompetenzen im Laufe der Softwareentwicklung ändern.

4 Für weitere und detaillierte Informationen zu RUP kann die Dokumentation von IBM 2017 zu Rate gezogen werden.

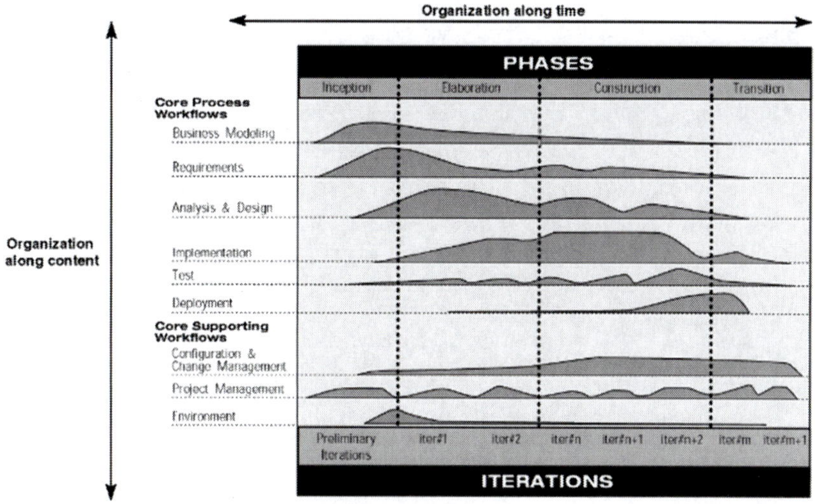

Abbildung 2: Rational Unified Process. Quelle: IBM 2017.

Im Gegensatz zum V-Modell, welches produktorientiert arbeitet, ist RUP ein aktivitätsgetriebener Entwicklungsprozess, in dem die Aktivitäten der Rollen klar umrissen werden und in bestimmter Abfolge durchzuführen sind (vgl. IBM 2017). Darüber hinaus sind die Aktivitäten den Phasen klar zugeordnet und erwarten sowie produzieren bestimmte Artefakte (vgl. ebd.).

Agile Projektmanagement-Methoden

In diesem Kapitel sollen agiles Projektmanagement und beispielhafte Methoden näher beleuchtet werden. Agile Methoden werden vorrangig in der Softwareentwicklung verwendet (vgl. Halamzie 2013, S. 14) und stellen die bereits zuvor thematisierte Weiterentwicklung und Anpassung klassischer Methoden dar. Mittlerweile breitet sich die Nutzung dieser Methoden auch auf andere Bereiche aus. Zentrales Element verschiedener Definitionen zu Agilität sind die Fähigkeiten, auf Anforderungen zu reagieren und Innovationen hervorzubringen (vgl. ebd.). Eine mögliche Definition für Agilität lautet: „Agilität ist die Fähigkeit, in einer dynamischen, emergent-chaotischen Umgebung schnell zu agieren und reagieren. Dabei werden innovative und neue Wege zur Lösungsfindung genutzt, um einen Mehrwert für den Kunden sowie für sich selbst zu generieren" (ebd., S. 15). Die folgende Abbildung zeigt einen Bezugsrahmen, der eine Grundlage für das Verständnis von agilem Projektmanagement und dessen Zielen, Prozessen und Prinzipien schafft. Ausgewählte Aspekte werden im weiteren Verlauf der Arbeit näher thematisiert werden.

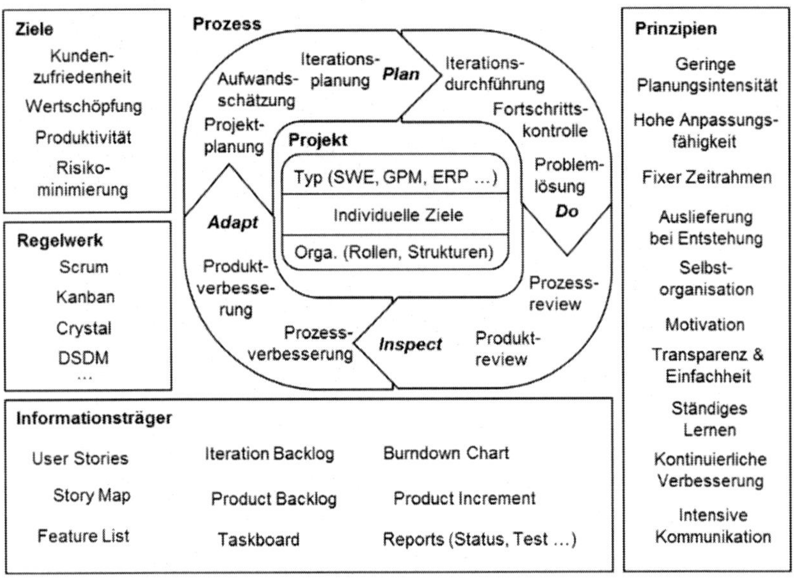

Abbildung 3: Bezugsrahmen für agiles Projektmanagement. Quelle: Tolnai/Auth 2016, S. 5.

Geprägt sind agile Methoden vom 2001 verfassten Agilen Manifest, welches von diversen Autoren und Experten auf dem Gebiet des Projektmanagements gemeinsam erarbeitet wurde und mit Hilfe von vier Werten und zwölf zugehörigen Prinzipien einen Orientierungs-Leitfaden für Nutzer darbieten soll. Dabei ist „das Agile Manifest ein Werk ohne konkrete wissenschaftliche Fundierung und versteht sich als eine Sammlung von Best Practices, welche primär auf den Erfahrungen der Autoren basiert“ (Halamzie 2013, S. 16). Die vier zentralen Werte des Agilen Manifests lauten wie folgt:

- Individuen und Interaktionen mehr schätzen als Prozesse und Werkzeuge
- Funktionierende Software mehr schätzen als umfassende Dokumentation
- Zusammenarbeit mit dem Kunden mehr schätzen als Vertragsverhandlungen
- Reagieren auf Veränderungen mehr schätzen als das Befolgen eines Plans (vgl. Agilemanifesto.org 2017).

Durch diese Werte liegt die Betonung eher auf der Kommunikation und der Motivation der einzelnen Projektteilnehmer als auf festgelegten Prozessen (vgl. Halamzie 2013, S. 16). Die zwölf Prinzipien des agilen Manifests sind für ein tieferes Verständnis des Ansatzes ebenso relevant, da sie die Arbeit mit agilen Philosophien prägen und bestimmen. Diese Prinzipien umfassen die folgenden Aussagen:

- Our highest priority is to satisfy the customer through early and continuous delivery of valuable software.
- Welcome changing requirements, even late in development. Agile processes harness change for the customer's competitive advantage.
- Deliver working software frequently, from a couple of weeks to a couple of months, with a preference to the shorter timescale.
- Business people and developers must work together daily throughout the project.
- Build projects around motivated individuals. Give them the environment and support they need, and trust them to get the job done.
- The most efficient and effective method of conveying information to and within a development team is face-to-face conversation.
- Working software is the primary measure of progress.

- Agile processes promote sustainable development. The sponsors, developers, and users should be able to maintain a constant pace indefinitely.
- Continuous attention to technical excellence and good design enhances agility.
- Simplicity--the art of maximizing the amount of work not done--is essential.
- The best architectures, requirements, and designs emerge from self-organizing teams.
- At regular intervals, the team reflects on how to become more effective, then tunes and adjusts its behavior accordingly" (Agilemanifesto.org 2017).

Zusammenfassend sind die folgenden Werte im Rahmen eines agilen Umfeldes wichtig: Commitment, Fokussierung, Offenheit, Respekt, Mut, Einfachheit, Kommunikation und Feedback (vgl. Röpstorff/Wiechmann 2012, S. 8ff). Dabei steht der Mensch immer im Fokus, es handelt sich um eine persönliche Haltung oder auch Philosophie, die durch stetiges Lernen und fortlaufende Weiterentwicklung geprägt ist (vgl. ebd., S. 7). Hier sind somit deutliche Unterschiede zur Ausgangssituation klassischer Methoden ersichtlich. Die Studie „Status Quo Agile"[5] ermittelt regelmäßig den Erfolg und die Verbreitung agiler Methoden, wozu über 1000 Teilnehmer befragt werden. Die Ergebnisse der Studie von Ende 2016 zeigen dabei, dass die Befragten agile Methoden erfolgreicher einschätzen als klassische Methoden - und das auf Basis verschiedenster Faktoren, von Qualität über Innovationsfähigkeit bis hin zur gesamten Leistungsfähigkeit der Methode. Das folgende Schaubild verdeutlicht dies und zeigt die Bewertung mehrerer agil einzuordnende Vorgehensweisen im Vergleich zu klassischen Methoden:

---

5 Vgl. hierzu Hochschule Koblenz (2017): Abschlussbericht Status Quo Agile.

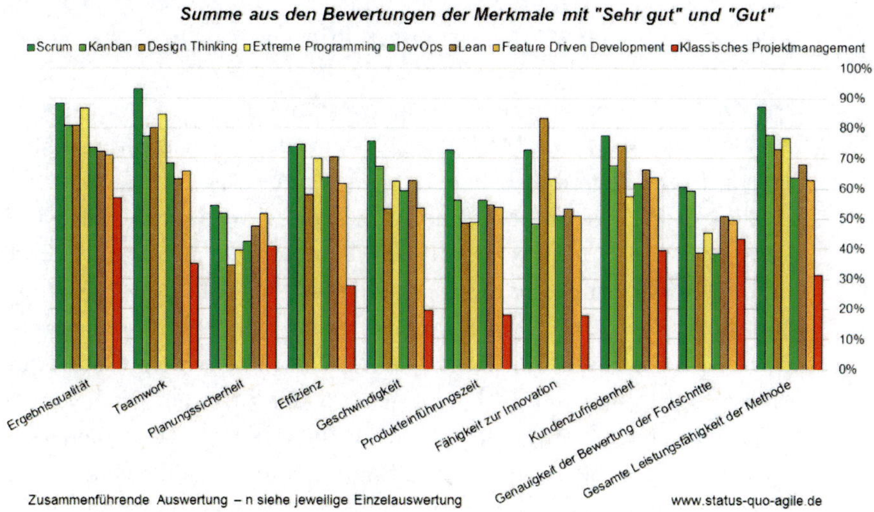

Abbildung 4: Bewertung einzelner Methoden. Summe aus den Bewertungen der Merkmale „Sehr gut" und „Gut". Quelle: Hochschule Koblenz (2017): Status Quo Agile 2016/2017, S. 28.

Als weiteres Ergebnis konnte festgehalten werden, dass nur ein Teil der Befragten rein agile Methoden verwenden, hier stimmten nur 20% der Befragten zu. 31% nutzen agile Methoden selektiv für ausgewählte Produkte oder Projekte und 37% in einer Kombination aus agilen und klassischen Methoden (vgl. Komus 2017). Die zentralen Gründe für die Anwendung agiler Methoden sind dabei „eine kürzere Produkteinführungszeit, die Optimierung der Qualität und die Reduktion der Risiken des Projekts" (Hochschule Koblenz 2017, S. 5). Festzuhalten ist, dass agile Methoden nach strenger Definition keine Projektmanagement-Methoden im eigentlichen Sinne sind - denn Projekte sind durch ihre Einmaligkeit und klar abgegrenzte zeitliche und finanzielle Ressourcen gekennzeichnet. Agile Methoden zielen weniger auf eine einmalige Produktlieferung ab, sondern „vielmehr wird der kontinuierliche Flow und eine kontinuierliche Erweiterung und Verbesserung des Produktes in vielen Teillieferungen angestrebt" (Komus 2017, S. 12). Dennoch finden agile Methoden ihren

Platz im Bereich des Projektmanagements, teilweise auch in Form hybrider Methoden, wie sie später beschrieben werden.

Die am häufigsten verwendete agile Methode ist Scrum (vgl. Albers/Hilmer 2016). Die Methode wird von den Entwicklern Sutherland und Schwaber, die auch an der Entstehung des Agilen Manifests beteiligt waren, wie folgt definiert: „A framework within which people can address complex adaptive problems, while productively and creatively delivering products of the highest possible value" (Scrumguides.org 2017, S.4). Den Rahmen von Scrum bilden sogenannte „Scrum-Teams und die zu ihnen gehörenden Rollen, Ereignisse, Artefakte und Regeln" (ebd.). Laut Aussage der Erfinder wird Scrum heute im Bereich von Forschung und Entwicklung, aber auch von Schulen, Regierungen oder Marketingprojekten genutzt, spielt sich somit in diversen Bereichen des täglichen Lebens ab (vgl. ebd., S. 5). Zentraler Ursprung der Entwicklung von Scrum war die stetig zunehmende Komplexität unserer Umwelt. Hier hat Scrum sich bewährt und „sich bei iterativem und inkrementellem Wissenstransfer als besonders effektiv erwiesen" (ebd.). Scrum hat seinen Ursprung dabei in der Theorie der Empirie – Wissen wird also aus Erfahrungen gewonnen, Entscheidungen werden auf Basis dessen getroffen, was bekannt ist (vgl. ebd.). Diese empirische Steuerung der Prozesse wird von drei Säulen gestützt: Transparenz, Überprüfung und Anpassung. Transparenz bedeutet in diesem Zusammenhang: „Wesentliche Aspekte des Prozesses müssen für diejenigen sichtbar sein, die für das Ergebnis verantwortlich sind […] und erfordert, dass diese Aspekte nach einem gemeinsamen Standard definiert werden, damit die Betrachter ein gemeinsames Verständnis des Geschehen teilen" (ebd., S. 6). Unter Überprüfung wird die regelmäßige Prüfung der Artefakte und des Fortschrittes hinsichtlich der Erreichung des spezifischen Sprint-Ziels verstanden (vgl. ebd.). Das Verständnis von Anpassung ist, dass bei der Überprüfung auftretende Abweichungen zeitnah angepasst werden. Scrum ist dabei kein fertiger Prozess, sondern ein Framework, im Rahmen dessen „Entwicklungsteams ihre eigenen und bewährten Entwicklungspraktiken einbetten. Das Team füllt den

Rahmen auf und definiert so den fertigen, auf das jeweilige Projekt zugeschnittenen Entwicklungsprozess“ (Wirdemann 2011, S. 27).

Im Rahmen der Überprüfung werden vier Schritte, sogenannte Scrum-Ereignisse, durchlaufen: Sprint Planning, Daily Scrum, Sprint Review und Sprint Retrospektive (vgl. Scrumguides.org 2017, S. 6). Diese Ereignisse sind befristet und haben eine maximale Dauer, die zu Beginn des Projektes festgelegt wird (vgl. ebd., S. 10). Innerhalb eines Sprints wird ein Teil des Produktes erstellt, und sobald ein Sprint abgeschlossen ist startet der nächste Sprint. Sollte das Sprint-Ziel obsolet werden, so kann der Product Owner einen Sprint abbrechen (vgl. ebd., S. 11). Innerhalb des Schrittes Sprint Planning wird die Arbeit des kommenden Sprints geplant, wobei festgelegt wird, was innerhalb des Sprints fertiggestellt werden kann, wie das Sprint-Ergebnis aussehen soll und welche Funktionen enthalten sein sollen (vgl. ebd.). Hierzu werden die zugehörigen Product-Backlog-Einträge ausgewählt. Außerdem wird in diesem Schritt das Sprint-Ziel festgelegt, welches dem Team das übergeordnete Ziel des Sprints verdeutlicht (vgl. ebd., S. 12). Der Schritt Daily Scrum umfasst ein ca. 15-minütiges tägliches Standup-Meeting, innerhalb dessen die Arbeit für die nächsten 24 Stunden besprochen und der aktuelle Fortschritt nachgehalten wird. Zentrale Fragen für alle Teammitglieder sind hierbei: „1. Was habe ich gestern getan, das dem Entwicklungsteam geholfen hat, das Sprint-Ziel zu erreichen? 2. Was werde ich heute erledigen, um dem Entwicklungsteam beim Erreichen des Sprint-Ziels zu helfen? 3. Sehe ich irgendein Hindernis, das mich oder das Entwicklungsteam daran hindert, das Sprint-Ziel zu erreichen?“ (ebd., S. 13). Diese täglichen Meetings „verbessern die Kommunikation, machen andere Meetings überflüssig, identifizieren Hindernisse, fokussieren und fördern die schnelle Entscheidungsfindung und erhöhen den Wissensstand des Entwicklungsteams“ (ebd., S. 14).

Das Sprint Review wird am Ende eines Sprints durchgeführt, „um das Produktinkrement zu überprüfen und das Product Backlog bei Bedarf anzupassen“ (Scrumguides.org 2017, S. 14). Die Ergebnisse des

Sprints werden beleuchtet und das Product Backlog entsprechend überarbeitet, zusätzlich wird besprochen, welche Arbeiten gut liefen, wo es Probleme gab; und die Ziele für den nächsten Sprint werden definiert (vgl. ebd.). Die Sprint Retrospektive ist dafür da, dass sich das Team selbst überprüfen und Verbesserungsvorschläge für die gemeinsame Arbeit einbringen kann (vgl. ebd., S. 15). Die Retrospektive wird durch den Scrum Master geleitet und soll möglichst konstruktiv und produktiv sein (vgl. ebd.).

Das Scrum-Team umfasst festgelegte Rollen, darunter den Product Owner, der die fachliche Leitung des Projektes, teilweise auch den Kunden oder den Abnehmer des Projektes repräsentiert und für das Management des Product-Backlogs zuständig ist. Hierzu gehört eine klare und verständliche Formulierung der Anforderungen und Sortierung der Einträge (vgl. ebd., S. 7). Das Entwicklungsteam besteht aus Experten der jeweiligen Fachgebiete, die das Produkt erstellen und übergeben. Die optimale Größe des Teams ist dabei „klein genug, um flink zu bleiben und groß genug, um bedeutende Arbeit innerhalb eines Sprints erledigen zu können" (ebd., S. 8). Innerhalb des Teams gibt es keine Hierarchie und die Rechenschaftspflicht für ein Produkt obliegt immer dem gesamten Team (vgl. ebd.). Der Scrum-Master unterstützt das Entwicklungsteam, erläutert die Scrum-Theorie für das Team, führt die Kommunikation mit dem Product Owner und nach Außen und leitet die Daily Scrums (vgl. ebd., S. 9). Das Scrum-Team definiert dabei immer eigenständig, wie es seine Arbeit erledigt, es ist also selbstorganisierend. Weiterhin sind die Teams interdisziplinär, was bedeutet, dass innerhalb der Gruppe alle Kompetenzen vorhanden sind, um das Projekt zu bearbeiten (vgl. ebd.).

Weitere zentrale Elemente von Scrum sind die spezifischen Artefakte, zu denen das bereits angesprochene Product Backlog gehört, welches alle aktuell bekannten Anforderungen enthält und dauerhaft angepasst und weiterentwickelt wird (vgl. Scrumguides.org 2017, S. 16). Auch wenn mehrere Scrum-Teams an einem Produkt arbeiten, wird nur ein Product Backlog benutzt – wichtig ist dabei, dass es höher und niedriger eingestufte Einträge gibt, die entsprechend besser spezifiziert und detailliert sind, je höher sie eingeordnet sind (vgl. ebd.). Weiterhin existiert ein Sprint Backlog, welches alle für den jeweiligen Sprint ausgewählten Product-Backlog-Einträge enthält (vgl. ebd., S. 17). Anforderungen werden in Scrum häufig in Form von User Stories aufgenommen (vgl. Wirdemann 2011, S. 51). User Stories sind dabei „sehr viel unschärfer und offener formuliert" (ebd.) als andere Mittel des Anforderungsmanagements und lassen Raum für Änderungen der Anforderungen und helfen, das System so zu entwickeln, wie der Kunde es tatsächlich benötigt - und nicht so, wie es zu einem bestimmten Zeitpunkt festgelegt wurde (vgl. ebd.). So wird dem Umstand Rechnung getragen, dass „Benutzer und Kunde erst relativ spät wissen, was sie wollen, nämlich erst dann, wenn sie Teile des Systems kennengelernt und ausprobiert haben" (Wirdemann 2011, S. 51). Das Inkrement stellt letztlich „das Ergebnis aus allen in einem Sprint fertiggestellten Product-Backlog-Einträgen und dem Resultat der Inkremente aller früheren Sprints" (Scrumguides.org 2017, S. 18) dar. Ist das Inkrement fertig (Done), so kann es ausgeliefert werden (vgl. ebd.). Für ein „Done" existiert eine genaue Definition durch das Team. Je reifer ein Scrum-Team ist, umso weiter wird die Definition eines Done gefasst, was bedeuten kann, dass bereits auf Done gesetzte Anforderungen noch einmal überarbeitet werden (vgl. ebd., S. 19). Scrum eignet sich für kleine, aber auch für umfangreichere Projekte und ist dadurch flexibel einsetzbar.

Eine neben Scrum weit verbreitete Methode ist das Software-Kanban, welches vor allem für die Bereiche der Softwareentwicklung und -Wartung interessant ist: „Denn hier wird der Ist-Zustand des Arbeitsprozesses als Ausgangspunkt betrachtet und darauf aufbauend Änderungen in kleinen Schritten vorgenommen" (Roock 2011). Kanban stammt ursprünglich aus dem Bereich der Fertigung und verfolgt das Ziel, Lagerbestände zu reduzieren und Zwischenergebnisse in der benötigten Anzahl und am benötigten Ort zur Verfügung zu stellen, sodass weder überproduziert wird, noch ein Mangel entsteht (vgl.

Roock 2011). Dies funktioniert, indem bei Unterschreitung eines bestimmten Bestandes an Zwischenerzeugnissen mit Hilfe einer Signalkarte ein Signal an den vorgelagerten Produktionsschritt gesendet wird, dass eine Nachproduktion notwendig ist (vgl. ebd.) Zusätzlich gibt es ein sogenanntes WIP-Limit, das die Menge an gleichzeitige Arbeit in einem Projekt begrenzt (vgl. Pröpper 2012, S. 128). Diese Grenze kann für den Projektablauf individuell optimal ausgelotet werden - allerdings dürfen Aufgaben nicht an ein anderes Team weitergegeben werden, um Kapazität für neue Aufgaben zu schaffen. Denn ein Team beendet grundsätzlich die abgeholten Aufgaben (vgl. ebd.).

In dieser Form ist Kanban in der Automobilindustrie und anderen Fertigungsbereichen seit vielen Jahren im Einsatz, lässt sich aber nicht vollständig auf die Softwareentwicklung übertragen, denn „Features für ein neues Software-System sind keine Einzelteile, die einfach nur nachbestellt und in der richtigen Reihenfolge zusammengefügt werden müssen" (Roock 2011). Der Bereich der Softwareentwicklung ist von Kreativität, Flexibilität, aber auch Ungewissheit geprägt, was bedeutet, dass manche Anforderungen zeitnah klar und umsetzbar sind, andere jedoch eher diffus und langwieriger in der Umsetzung (vgl. ebd.). Bei Software-Kanban handelt es sich um eine Vorgehensweise des „Evolutionären Change Managements" - evolutionär aus dem Grund, da der Ausgangspunkt den Ist-Zustand darstellt, der schrittweise und dauerhaft verbessert werden soll. Änderungen werden in kleinen, einzelnen Schritten durchgeführt (vgl. ebd.). Dies bringt Vorteile, da Durchlaufzeiten verkürzt, Engpässe erkannt, Überlastung von Mitarbeitern vorgebeugt und die gesamte Vorhersagbarkeit des Prozesses verbessert wird (vgl. ebd.). Auch Software-Kanban ist von regelmäßigen Standup-Meetings gekennzeichnet, darüber hinaus wird die Durchlaufzeit eines sogenannten Tickets, also einer (Teil-) Aufgabe, gemessen, um den Prozess weiter zu verbessern (vgl. ebd.).

Eine weitere relevante Methode ist DevOps - eine Wort-Zusammensetzung aus Development und IT-Operations, die einen Prozessverbesserungsansatz beschreibt, der hauptsächlich in den Bereichen der

Systemadministration und der Softwareentwicklung angewandt wird (vgl. Augsten 2017). Der Ansatz „hat zum Ziel, in den Bereichen Development (Entwicklung), IT Operations (IT Betrieb) und Qualitätssicherung für eine effizientere und effektivere Zusammenarbeit zu sorgen" (ebd). Hierfür wird mit verschiedenen Werkzeugen, Prozessen und Anreizen gearbeitet mit dem gemeinsamen Ziel mehrerer Teilbereiche, die Softwareentwicklung schneller voranzutreiben und die Kooperation zwischen Teams zu verbessern (vgl. ebd.). DevOps fokussiert sich dabei vorrangig auf eine Veränderung der Unternehmenskultur und ist als eine Philosophie anzusehen, die das Ziel der engen Verzahnung innerhalb der IT-Landschaft anstrebt, wozu auch der Kunde mit einbezogen wird (vgl. ebd.). DevOps nutzt ebenso wie viele andere agile Vorgehen ein enges Zusammenspiel zwischen Codeentwicklung und -ausführung, das auch als Continuous Integration bezeichnet wird (vgl. ebd.). Zusätzlich werden noch weitere Prinzipien eingebaut, beispielsweise aus dem Systems Management, welches zum Bereich des IT-Betriebs gehört (vgl. ebd.). So ermöglicht DevOps eine kontinuierliche Lieferung von Inkrementen, die sich durch eine kurze Entwicklungszeit, aber auch eine hohe Qualität auszeichnen (vgl. ebd.)

Weiterhin bekannt ist das bereits angesprochene eXtreme Programming, kurz XP. Der Ansatz betont die Kundenzufriedenheit und stellt Software dann zur Verfügung, wenn sie benötigt wird (vgl. Extremeprogramming.org 2017). Auch hier ist es ähnlich wie bei Scrum möglich, auch spät im Entwicklungsprozess auf geänderte Anforderungen zu reagieren - zusätzlich liegt der Fokus hier auf Teamarbeit aller beteiligten Personen. Hierarchien werden gänzlich vernachlässigt (vgl. ebd.). XP verbessert ein Softwareprojekt durch fünf Werte: „communication, simplicity, feedback, respect, and courage" (ebd.). Dies bedeutet dauerhafte Kommunikation mit dem Kunden, einfaches und klares Design, regelmäßiges Feedback durch Testing ab dem ersten Tag, Respekt innerhalb des Teams und gegenüber dem Kunden und den dadurch entstehenden Mut (vgl. Extremeprogramming.org 2017). Dabei setzt XP wenige Regeln, die miteinander kombiniert die Werte und Prinzipien des Ansatzes ergeben (vgl. ebd.). Im Gegensatz zu Scrum gehören zu XP Praktiken wie „Continuos integration, sit together, incremental desing, test-first programming" (Stellmann/Greene 2015, S. 202), darüber hinaus gibt es die typischen Rollen aus Scrum wie den Scrum Master und den Product Owner nicht.

Als Exkurs sei an dieser Stelle noch die Methode des Lean Project Management angesprochen, welche das magische Dreieck (Kosten-Zeit-Qualität), das durch konfliktäre Beziehungen der drei Elemente zueinander geprägt ist, um die Unternehmensphilosophie des Lean Managements erweitert (vgl. Pautsch 2017). Das Lean Management stellt „den Wert des Ergebnisses von Prozessen an den Beginn aller Aktivitäten und Aufgaben" (ebd.), wodurch die Zielkonflikte des magischen Dreiecks aufgelöst werden können, wenn der Wert des Projektergebnisses durch den Kunden exakt definiert ist (vgl. ebd.). Der Projektleiter kann dann Aktivitäten ohne Wertbeitrag eliminieren, da sie Zeit und Ressourcen beanspruchen, ohne einen Beitrag zu liefern (vgl. ebd.). Hierbei handelt es sich allerdings nicht um eine agile Methode im eigentlichen Sinne, sondern eher um eine Einstellung des Unternehmens und der zugehörigen Kultur. Vielfach wird das Lean Project Management jedoch den agilen Methoden zugeordnet.

Hybride Projektmanagement-Methoden

„Eine Kreuzung von zwei unterschiedlichen Methoden oder Technologien (oder allgemeiner: Systemen) zu einem neuen Ganzen bezeichnet man landläufig als Hybrid" (vgl. Habermann 2013, S. 97). „Die Glaubenskriege sind langsam vorbei. Wir können also anfangen zu arbeiten" (Komus 2017). Die Diskussion rund um die Vorherrschaft agiler oder klassischer Methoden hat sich mittlerweile beruhigt, sodass heute in eine eher pragmatische Richtung gedacht wird: „es geht nicht mehr darum, *ob* agile Methoden verwendet und in klassische Planungs- und Managementsysteme eingebunden werden können, sondern vielmehr darum, *wie* das möglich ist" (Habermann 2013, S. 97). Längst darf im Bereich des Projektmanagements nicht mehr eine feste Vorgabe des Unternehmens hinsichtlich der gewählten Methode als zielführend gesehen werden, sondern vielmehr muss je nach Projekt entschieden werden (vgl. Held 2015). Denn: Eine für ein Projekt nicht optimale Methode kann zu „erhöhter Fehleranfälligkeit sowie Ineffizienzen bei der Durchführung" (ebd.) führen.

Auch die Studie „Status Quo Agile", die bereits zuvor thematisiert wurde, hat gezeigt, dass viele Unternehmen selektiv oder hybrid arbeiten, und zwar in deutlicher Überzahl zu den Unternehmensvertretern, die rein agil tätig sind (vgl. Komus 2017). Auch Kuhrmann et al. hielten mit ihrer diesjährigen Helena-Study, die hybride Ansätze im Bereich der Softwareentwicklung thematisiert, das folgende Ergebnis fest: „hybrid development approaches: (i) have become reality for nearly all companies; (ii) are applied to specific projects even in the presence of company-wide policies for process usage; and, (iv) are consistently used regardless of company size or industry sector" (Kuhrmann et al. 2017, S. 1). Diese Aussagen zeigen, dass hybride Methoden aktuell schon deutliche Relevanz besitzen und diese Entwicklung in nächster Zeit wahrscheinlich weiter fortschreiten wird.

Die folgende Abbildung zeigt die Prämissen klassischer und agiler Methoden im Vergleich, um so deren Hauptunterschiede zu verdeutlichen und darzulegen, wie agile Methoden versuchen, die jeweiligen Eigenschaften zu verknüpfen. Auffällig ist, dass die Methoden in vielen Punkten gegensätzlich arbeiten, was seinen Ursprung in den bereits thematisierten grundlegend unterschiedlichen Ansätzen hat.

Prämisse	Klassisch (PRINCE2, RUP, V-Modell u.a.)	Agil (Scrum, Kanban, XP u.a.)
Primäre Zielrichtung	Management von KOMPLIZIERTHEIT	Management von KOMPLEXITÄT
Bekanntheit und Kommunizierbarkeit der Anforderungen zu Beginn	JA	NEIN
Vorhersagbarkeit des Gesamtergebnisses zu Projektbeginn	JA	NEIN
Priorität der Anforderungen über Gesamtprojektdauer	FEST	VOLATIL
Summe der Anforderungen über Gesamtprojektdauer	FEST	VOLATIL
Handhabung von Anforderungsänderungen nach Projektbeginn	STÖRUNG (Change-Request)	REGELFALL (zu Beginn jeder Iteration
Interaktion mit dem/den Kunden (Kontaktpunkte)	GERING: zu Beginn und Ende des Projekts	INTENSIV: zu Beginn und Ende jeder Iteration
Interaktion von Fach- und IT-Experten	GERING: spez. Arbeitsgruppen; phasenweise, mehrwöchige Trennung der Experten	INTENSIV: interdisziplinäre Teams, tägl. Dialog zwischen Experten
Lieferung von Projektergebnissen	SPÄT KOMPLETT	FRÜH INKREMENTELL

Tabelle 2: Prämissen von klassischen und agilen Vorgehensmodellen. Quelle: Eigene Darstellung, in Anlehnung an: Habermann 2013, S. 97.

Einige der von Habermann angeführten Punkte wurden bereits in den vorangegangenen Ausführungen thematisiert, die restlichen Bereiche werden nachfolgend diskutiert. Die Vorteile der Verbindung verschiedener Vorgehensmodelle lässt sich vorab aber bereits wie folgt zusammenfassen: „die Kombination eines traditionellen und eines agilen Vorgehensmodells bietet die Möglichkeit, die Vorteile beider Ansätze zu nutzen: Während z.B. das eine Modell der unternehmensweit einheitlichen Projektsteuerung dient, unterstützt das andere die individuelle Projektdurchführung“ (Albers/Hilmer 2016). Bei der Kombination zweier Methoden gilt es zu beachten, dass man die jeweilige Ursprungsmethodik nicht verbiegt, sondern eine Vorgehensweise nur in dem Maße einsetzt, wie dies sinnvoll ist - die Vereinbarkeit zweier Modelle muss also geprüft werden (vgl. ebd.). Albers und Hilmer nennen neben dem Vergleich der prozessualen und organisatorischen Eigenschaften auch die Berücksichtigung der jeweiligen Philosophie als zentralen Entscheidungspunkt, wobei sie die folgenden Aspekte als relevant einstufen:

- „Die Grundprinzipien dürfen sich nicht widersprechen.
- Die behandelten Themen (z.B. Risiken, Qualität usw.) sollten von beiden zu kombinierenden Modellen unterstützt werden.
- Die Aufgaben der definierten Rollen müssen auf ein gemeinsames Rollenmodell verteilbar sein.
- Die Verschmelzung beider Vorgehensmodelle in einem "Phasenmodell" muss möglich sein.“ (ebd.)

Bei der Verbindung zweier Methoden gibt es nach Albers und Hilmer in der Regel ein Steuerungsmodell, welches den Rahmen zur Projektsteuerung darstellt. An Kopplungspunkten bietet es die Möglichkeit, ein sogenanntes Durchführungsmodell einzuschleusen, welches projektspezifisch ausgewählt werden kann (vgl. ebd.). Dies wird durch die folgende Abbildung verdeutlicht und erläutert:

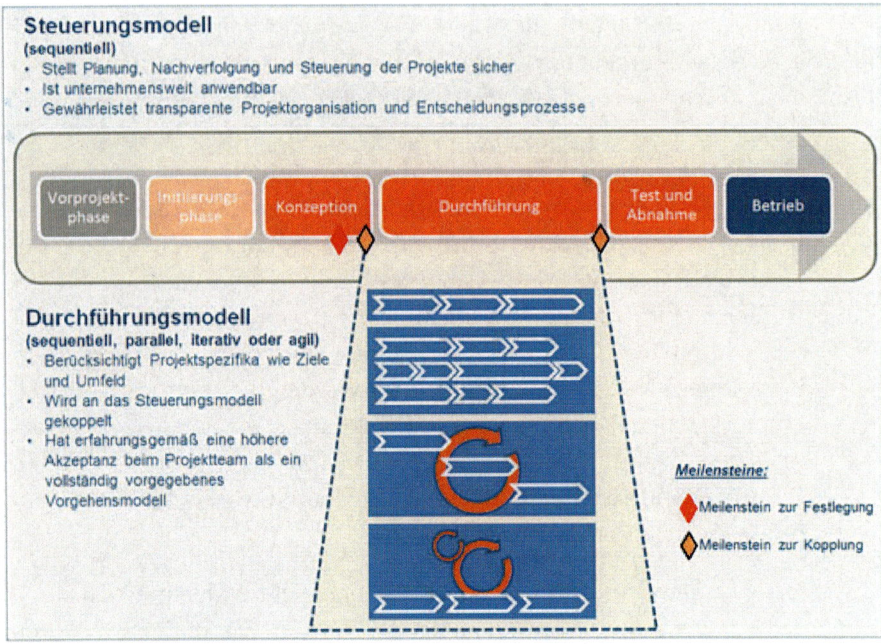

Abbildung 5: Grundprinzip eines hybriden Vorgehensmodells. Quelle: Albers/Hilmer 2016.

Als Steuerungsmodelle kommen überwiegend sequentielle Vorgehensmodelle zum Einsatz, welche in der Regel einmalig und unternehmensweit festgelegt werden und die Rahmenbedingungen für ein Durchführungsmodell festlegen (vgl. Albers/Hilmer 2016). Dieses Steuerungsmodell wird in jedem Projekt genutzt und lässt Raum für das projektspezifisch auswählbare Durchführungsmodell offen, welches am zuvor definierten Kopplungspunkt (siehe Abbildung 5) angebunden wird (vgl. ebd.). Vor der Ankopplung ist ein Meilenstein zur Festlegung definiert, an welchem entschieden wird, welches Durchführungsmodell eingesetzt, welche Spezifika hierfür erforderlich sind, wie lange das Modell genutzt und wie Art und Umfang der Ergebnisse charakterisiert sind; diese Entscheidungen werden meist vom Projektmanager (-Leiter) in Abstimmung mit dem Projektteam gefällt (vgl. Albers/Hilmer 2016). Bei der Kombination zweier Methoden sind zusätzliche Herausforderungen zu berücksichtigen, da oft ganz andere Mittel eingesetzt werden müssen, um die Mischformen agiler und klassischer Vorgehensweisen zu unterstützen (vgl. Komus 2017).

Die HELENA-Study hat untersucht, warum hybrides Projektmanagement genutzt und entwickelt wird, und kam dabei zu interessanten Ergebnissen. Rund die Hälfte der Befragten hatte angegeben, dass in ihrem Unternehmen feste Standards existieren, was Prozesse angeht; die andere Hälfte hatte diesbezüglich mehr Freiheiten, was auch zu einer erweiterten Nutzung verschiedener Methoden führt (vgl. Kuhrmann et al. 2017, S. 4). 83% der Befragten gaben überdies an, dass die Kombination von Methoden nicht oder nur wenig geplant wird, sondern eher aus gesammelten Erfahrungen heraus und aus regelmäßigen Überprüfungen und Anpassungen entsteht (vgl. ebd.). Rund 23% merkten an, dass sie die Methoden sogar situationsspezifisch auswählen (vgl. ebd.). Neben der Anpassung und Erweiterung der unternehmensintern festgelegten Standards wurden drei Kategorien identifiziert, die die Befragten motivieren, hybride Methoden zu nutzen: „project/product management and commitment, evolution and pragmatism, and project operation and improved flexibility" (ebd., S. 5). Hybride Methoden erleichtern die Arbeit, indem stabile Rahmenbedingungen das Commitment des Managements erhöhen, Entwickler aber gleichzeitig die benötigten Freiheiten erhalten (vgl. ebd.).

Eine naheliegende und intuitive Form des hybriden Projektmanagements ist „die Verwendung einzelner Methodenelemente oder Techniken, die ihre Wurzeln in dem Bereich der agilen Methoden haben" (ebd.). Beliebt sind dabei Elemente aus Scrum, allen voran der Daily Scrum, Sprint Planning, Sprint Backlog und User Stories (vgl. ebd.). Agile Einflüsse können aber auch ohne formale Änderung der Methodik eingesetzt werden, beispielsweise in Form einer „transparenteren und ehrlicheren Kommunikation, im Design kürzerer und aussagekräftigerer Abschnitte (z.B. in Form kürzerer Meilensteinetappen) und dem Design von Meilensteinen, die auf einen echten Mehrwert abzielen" (Kuhrmann et al. 2017, S. 4).

Darüber hinaus weit verbreitet ist das Water-Scrum-Fall-Vorgehen. Hierbei werden agile Elemente wie Scrum-Zyklen im klassischen Projektmanagement-Rahmen verwendet, um so Planungseckpunkte beizubehalten, die als Rahmen für die agile Umsetzung definiert sind (vgl. ebd.). Habermann hält fest: „Das Wasserfallmodell ist besonders für die Umsetzung komplizierter Anforderungen geeignet, das agile Modell eher für komplexe Anforderungen" (Habermann 2013, S. 96). Hierbei wird die Realisierung komplett agil durchgeführt, die Lieferung des Produktes findet allerdings in Form eines größeren Inkrements statt, welches aus mehreren Teilergebnissen aus den Sprints besteht (vgl. Kuhrmann et al. 2017, S. 5). So können die Vorgaben des Unternehmens berücksichtigt werden, indem der klassische Planungs- bzw. Auslieferungsrahmen berücksichtigt, aber auch auf die Potenziale agiler Methoden zurückgegriffen wird (vgl. ebd.). Dieses Ergebnis bestätigt die HELENA-Study, in deren Rahmen die Kombination von Scrum und Wasserfallmodell für die Befragten eine der meist genutzten Verbindungen von Methoden ist (vgl. ebd., S. 3). Eine mögliche Weiterentwicklung im Zusammenspiel von Wasserfallmodell und agilen Teams ist der „Agile Release Train" aus dem von Leffingwell entwickelten Scaled Agile Framework (Müller/Hüsselmann 2017, S. 54). Dieser beinhaltet einen zu einem bestimmten Zeitpunkt definierten Bericht an das Projektportfoliomanagement und bietet so gerade in großen Unternehmen die Option, weiterhin Teilinkremente zu veröffentlichen, aber trotzdem die genutzten Ressourcen im Blick zu behalten (vgl. ebd.). Diese Berichtszeiträume können für verschiedene Projekte innerhalb eines Unternehmens angepasst werden, sodass alle Projektverantwortlichen gleichzeitig ihre Berichte einreichen (vgl. ebd.).

Eine weitere Möglichkeit ist die Darstellung anhand eines Ordnungsrahmens, der die Bereiche Führung, Projektlebenszyklus und kontinuierliche Prozesse des Projektmanagements jeweils auf die Bereiche

Prozesse, Methoden und Werkzeuge sowie Rollen herunterbricht und so ersichtlich macht, an welchen Stellen agile, klassische und hybride Methoden im Einzelfall eingesetzt werden können (vgl. Timinger/Seel 2016, S. 58). Diese komplexe Methode erfordert dabei jedoch viel Erfahrung und tiefgehendes Know-how im Bereich des Projektmanagements und in der eigenen Organisation.[6]

Letztlich ist auch eine bimodale Organisation denkbar, in der bestimmte Unternehmensbereiche agil, andere klassisch arbeiten, je nach spezifischen Anforderungen (vgl. Müller/Hüsselmann 2017, S. 54). An den Stellen, wo besonders zuverlässig, planbasiert und kosten- sowie stabilitätsorientiert gearbeitet werden muss, wird auf klassische Arbeitswesen zurückgegriffen. Die Unternehmensbereiche, die auf schnelle, flexible Änderungen angewiesen sind und Chancen ergreifen müssen, sobald sich diese ergeben, arbeiten mit agilen Methoden (vgl. ebd.). Diese Strategie zeigt sich in der Praxis allerdings als besondere Herausforderung für Unternehmen, da die praktische Umsetzung nicht immer einfach ist und auch zu einer Spaltung innerhalb der Belegschaft führen kann. So stellt dieses Vorgehen ein besonderes Spannungsfeld für die Mitarbeiter dar, die sich in beiden Projektbereichen bewegen (vgl. ebd., S. 54). Der Ansatz ist somit kritisch zu hinterfragen und wird hier der Vollständigkeit halber genannt, aber nicht weiter thematisiert.

Eine oft genannte Kombination aus Methoden stellt die Verbindung von PRINCE2[7] und Scrum dar. Denn: „Auch, wenn sie auf den ersten Blick wie zwei völlig verschiedene Ansätze wirken, stimmen sie in entscheidenden Aspekten überein und bergen enormes Potential, um sich gegenseitig zu ergänzen" (Albers/Hilmer 2016 und Wagener/Ziller 2012). PRINCE2 liefert zwar einen formalen Rahmen, bietet

---

6 Weitere Informationen zu einem möglichen Ordnungsrahmen für Projektmanagement-Methoden finden sich bei Timinger/Seel 2016, S. 58ff.

7 Für nähere Erläuterungen zu PRINCE2 sei auf das Kapitel „Klassische Projektmanagement-Methoden und die Webseite von AXELOS, dem Eigentümer der Methode, verwiesen: https://www.axelos.com/best-practice-solutions/prince2.

aber dennoch auch definierte Freiheiten, die einen Einsatz agiler Methoden ermöglichen. Im Prozess „Managen der Produktlieferung" in PRINCE2 wird ausdrücklich auf den vorhandenen Freiraum verwiesen, an dieser Stelle ein anderes Vorgehensmodell einzusetzen (vgl. Albers/Hilmer 2016 und Wagener/Ziller 2012 & Lorenz/Fiedler/Thaler 2017, S. 74). Neben Scrum ist hier auch der Einsatz anderer Durchführungsmodelle denkbar. Sowohl bei PRINCE2 als auch bei Scrum handelt es sich um die am weitesten verbreitete Methode der jeweiligen Klasse, was den Vorteil bietet, dass in einigen Unternehmen wahrscheinlich bereits eine Wissensbasis zu den Methoden existiert und die Akzeptanz der Kombination höher ist (vgl. Albers/Hilmer 2016). Die Prinzipien beider Modelle harmonieren miteinander und unterstützen sich teilweise sogar gegenseitig, und auch die Themen aus PRINCE2 und die Prozesse lassen fast nahtlos miteinander verknüpfen, weshalb eine Kombination beider Methoden ideal möglich ist (vgl. ebd.).

PRINCE2 arbeitet mit Managementphasen, die einem Sprint in Scrum ähnlich sind, „da sie hinsichtlich Zahl und Dauer frei definierbar und inhaltlich nicht festgelegt sind" (ebd.). Wenn die Entscheidung für die Nutzung von Scrum in der Initiierungsphase gefallen ist, ist im ersten Schritt das Product Backlog zu erstellen, welches die vorhandenen Anforderungen an das Produkt enthält (vgl. ebd.). Anschließend wird Scrum über den ersten Kopplungspunkt nach Abschluss der Initiierungsphase eingekoppelt, sodass darauffolgend die Anforderungen aus dem Product Backlog innerhalb von Sprint Backlogs bearbeitet werden können (vgl. ebd.). Wenn alle Anforderungen erfüllt und die vorletzte Managementphase durchlaufen ist, wird das Durchführungsmodell Scrum wieder verlassen (vgl. ebd.). Im Rahmen der Kopplung von beiden Vorgehensmodellen müssen bei PRINCE2 nur an wenigen Stellen Anpassungen vorgenommen werden: Der Prozess „Initiieren eines Projektes" wird auf die Lieferungsebene ausgeweitet, der Prozess „Steuern einer Phase" wird durch die Verbindung mit dem Steuerungsinstrument Product Backlog angepasst und auf der

Prozessebene „Managen der Produktlieferung“ wird Scrum als Maßgabe für den Prozess verwendet (vgl. Albers/Hilmer 2016).

Zusätzlich ist auch eine gewisse Anpassung der Rollen notwendig, und mit dem Scrum Master wird eine weitere Rolle dem Modell von PRINCE2 hinzugefügt. Weiterhin decken sich die Rollen der Produktsicherung in PRINCE2 und die des Product Owners in Scrum nahezu, weshalb der Product Owner die Aufgaben der Projektsicherung zusätzlich übernimmt (vgl. ebd.). Auch Veränderungen von Anforderungen müssen betrachtet werden, die bei Scrum unproblematisch, in PRINCE2 aber eher als Ausnahme angesehen werden. Aber: „trotzdem ist PRINCE2 so flexibel, dass auch eine Änderungsbehandlung im Sinne von Scrum möglich ist“ (Wagener/Ziller 2012, S. 192). Das Projektteam muss sich einer gewissen Veränderung der Aufgaben bewusst sein, indem beispielsweise der Scrum Master einbezogen wird (vgl. ebd.). Umgesetzt wird dieses Vorgehen durch mehrere Arbeitsgruppen, die jeweils bestimmte Arbeitsstränge übernehmen, die zeitlich überlappend zu den anderen Teams angeordnet sind (vgl. Lorenz/Fiedler/Thaler 2017, S. 74). So arbeiten die Teams an unterschiedlichen Aufgaben, die aber alle auf dem Product Backlog mit dem Arbeitsergebnis des Vorgängerteams basieren (vgl. ebd.). Die Teams müssen bezüglich ihrer Größe und Produktivität aufeinander abgestimmt sein, um eine Aufteilung der Arbeitspakete zu ermöglichen. So kann ein Team die Anforderungsspezifikation durchführen, eines ist für die Realisierung zuständig, ein anderes Team für das Testdesign und ein Team für die Testdurchführung (vgl. ebd., S. 75). Die Vorteile der Kopplung von PRINCE2 und Scrum liegen unter anderem darin, dass ein einheitliches Berichtswesen existiert und somit eine Vergleichbarkeit gegeben ist, trotzdem aber individuelle Anpassungen vorgenommen werden können (vgl. ebd.).

Die HELENA-Study kam zu dem Ergebnis, dass auch die Kombination aus Scrum und Kanban weit verbreitet ist – das bedeutet, dass auch agile Praktiken miteinander kombiniert werden (vgl. Kuhrmann et al. 2017, S. 3). Scrumban, also die Mischung aus Scrum und Kanban, summiert das Beste beider Praktiken und entwickelt daraus eine neue Methode. Dabei wird es häufig von Nutzern angewandt, die bereits mit Scrum gearbeitet haben, mit dem Erfolg der Methode aber nicht zufrieden sind - weil die Beschreibung der Arbeit mit Scrum zu strikt ist oder unter großem Zeitdruck gearbeitet werden muss (vgl. o.V. 2016). Hier bietet Scrumban eine gute Lösung, da „die Methode immer noch die wichtigsten Scrum-Prinzipien enthält, aber zugleich [...] mehr Flexibilität und Freiheit sich vorwärts zu bewegen" (ebd.) enthält. Die Bewegung von Aufgaben kann besser verfolgt werden, indem diese auf einem Scrum Board visualisiert werden, und so jeder Schritt einer User Story genau verfolgt werden kann (vgl. ebd.). Mögliche Probleme können schneller identifiziert werden. Scrumban arbeitet nur dann mit Meetings, wenn sie wirklich notwendig sind, um keine Zeit zu verschwenden - so beginnt das Team automatisch mit dem typischen Pull-Prinzip von Kanban und zieht sich Aufgaben selbst aus dem Projekt-Backlog (vgl. ebd.). Zusätzlich erhält das Team ein besseres Verständnis für den Umfang der Arbeit und agiert selbstständiger; trotzdem wird die Maximalanzahl der gleichzeitig bearbeiteten Aufgaben begrenzt (vgl. ebd.). Zu Scrumban gehören jedoch trotzdem tägliche Meetings, neu sind im Vergleich zu Scrum aber sogenannte Zykluszeiten, anhand derer erfasst werden kann, wie lange die Bearbeitung einer Aufgabe dauert, um so Ressourcen besser einschätzen zu können (vgl. ebd.).

Eckhart Hanser hat ein weiteres Modell entwickelt, welches agiles Vorgehen um sozietäre Bausteine erweitert: das Meta Agile Process Modell (MAP). Er arbeitet mit einer Evaluationsmethode, die verschiedene menschliche Typen bestimmt und so dabei hilft, „Projektrollen optimal zu besetzen, was maßgeblich dazu beiträgt, die Projekt- und Produktqualität zu erhöhen" (vgl. Hanser 2016, ab S. 77). MAP nutzt dabei „zwei Rekursionsebenen des neurokybernetischen Viable System Models" (ebd.), weshalb Hanser die Teams, die MAP nutzen, als lebensfähige Systeme beschreibt.[8] Die notwendigen Verhaltensweisen sind davon abhängig, wo und wie die Teammitglieder eingesetzt sind; Hanser unterscheidet dabei allgemeine Eigenschaften der Mitglieder eines Teams und projektbezogene Eigenschaften, aus denen MAP verschiedene Typen von Teammitgliedern identifiziert (vgl. Hanser 2016, S. 77f). Die Teamrollen umfassen „Kommunikator, Ideengeber, Qualitätsprüfer. Technischer Problemlöser (Troubleshooter), Experte (Fachspezialist) und Teamworker (Entwickler)" (ebd., S. 78). Hier steht somit nicht der agile Prozess im Vordergrund, sondern das soziale System des Teams selbst (vgl. ebd., S. 79). Nach Hanser ist die Korrelation vom Erfolg eines Projektes und der Besetzung der Teamrollen durch seine Forschungen nachzuweisen (vgl. ebd., S. 81). Er konnte aufzeigen, dass Teams mit besserem MAP-Index (also besserer Zusammensetzung des Teams) einen größeren Projekterfolg erreichen - deutlicher wird dies, je höher der MAP-Index ist (vgl. ebd., S. 84). Er stellt fest, dass die Teamstruktur und -Zusammensetzung in der Praxis wichtiger sein kann, als die Auswahl eines Vorgehensmodells und stellt die These auf, dass gegebenenfalls gar keine Entwicklungsprozesse mehr benötigt werden, sondern nur noch eine optimale Zusammensetzung des Teams notwendig ist (vgl. ebd.). Hanser geht auch so weit, eine Verbindung zwischen Scrum und seiner Vorgehensweise MAP auszuprobieren, was unter Einschränkungen und Beachtung der spezifischen Gegebenheiten von MAP möglich ist (vgl. ebd., S. 142f).

Zusammenfassend lässt sich festhalten, dass hybride Methoden eine immer breitere Nutzung erfahren und verschiedene Kombinationsmöglichkeiten vorhanden sind. So bieten sich die Optionen, klassische und agile Methoden zu kombinieren, oder aber auch zwei agile Vorgehensmodelle zu verwenden und daraus eine hybride Methode zu entwickeln. Hybride Methoden bieten den Vorteil, dass Unternehmen sich aus den jeweiligen Methoden die Vorteile herausnehmen, und

---

8 Für nähere Beschreibungen des Viable System Models sei an dieser Stelle auf Hanser, E. (2010): Agile Prozesse: Von XP über Scrum bis MAP ab S. 119 verwiesen.

diese bestmöglich kombinieren können. Habermann hält fest: „Jeder Ansatz [ist] für sich vollkommen [...] und [führt] nur in raren Situationen – sozusagen an den Rändern eines Anforderungsspektrums – zu sehr guten Ergebnissen" (Habermann 2013, S. 101). Daraus folgt, dass beide Ansätze, klassisch und agil, Vor- und Nachteile besitzen und sich häufig in der praktischen Arbeit gut ergänzen können, wenn das Projekt entsprechende Anforderungen bereithält. Sandhaus, Berg und Knott meinen: „Mit dem hybriden Modell lassen sich [...] viele Vorteile der agilen Methoden in ein klassisches Vorgehen integrieren. Dabei muss kein drastischer Kulturwandel, den Agilisten fordern, vorgenommen werden. Vielmehr zeigt das hybride Modell Wege auf, agile Methoden sanft in einen bekannten Rahmen zu integrieren" (Sandhaus/Berg/Knott 2014, S. 118). Die Autoren weisen darauf hin, dass eine hybride Methodik den Mittelweg darstellen kann, wenn ein Unternehmen Veränderungen anstrebt, aber nicht alles Altbekannte loslassen will (vgl. ebd.). Hierfür ist jedoch auch ein gewisses Methodenwissen und auch Erfahrung notwendig, damit eine Kopplung von Methoden effektiv ist. Zusätzlich müssen die gewählten Methoden am Ende auch zusammenpassen, um eine sinnvolle Verschmelzung zu einer hybriden Arbeitsweise zu ermöglichen.

Chancen und Risiken von Projektmanagement-Methoden

Im Rahmen dieses Kapitels sollen Chancen und Risiken der verschiedenen Projektmanagement-Methoden auf Basis mehrerer Kriterien beleuchtet werden. Für diese Arbeit wurden die Kriterien praktische Umsetzung im Unternehmensalltag, finanzielle Ressourcen, Effekte personeller Ebene, Qualitätsaspekte, Risikomanagement und Umgang mit Wissen als Ressource festgelegt. Es fließen Expertenmeinungen aus Fachliteratur und Lehrbüchern ein, die ein genaueres Bild darüber zeichnen sollen, an welchen Stellen die verschiedenen Methoden an Ihre Grenzen kommen und wie dem entgegengewirkt werden kann.

Praktische Umsetzung im Unternehmensalltag

In Bezug auf die praktische Umsetzung im Unternehmensalltag fällt auf, dass Unternehmen vor einer großen Herausforderung stehen, wenn es darum geht, agile Methoden einzuführen. Ein hemmender Faktor gegen die Einführung agiler Methoden ist, dass Verantwortlichkeiten und Zuständigkeiten in klassischen Projekten klar abgegrenzt sind. Das Anforderungsmanagement fungiert als zentrale Kommunikationsinstanz zum Kunden und liefert eine einheitliche Beschreibung der Kundenwünsche, die mit agilen Methoden schwierig umzusetzen wäre (vgl. Kirchhof/Kraft 2011, S. 6). Auf den ersten Blick wird das Projektmanagement auch komplizierter, wenn hybride Vorgehen durchgeführt werden, „da in den Teilprojekten unterschiedliche Fähigkeiten gefordert und ein anderes Zusammenleben praktiziert wird" (ebd., S. 7). Festzuhalten ist allerdings, dass sich in der Regel keine geänderten Anforderungen ergeben, da nur Teilprojekte agil durchgeführt werden und so keine übergeordnete und somit doppelte Koordination notwendig ist (vgl. ebd.). Auch Aldushyna und Engstler fanden in einer Studie heraus, dass der Umgang mit Anforderungen in hybriden Projekten von Unternehmen deutlich besser bewertet wird als in klassischen Projekten (vgl. Aldushyna/Engslter 2015, S. 44). Dabei wurde das Product Backlog als erfolgsrelevanter Faktor identifiziert und die Umsetzung des Requirements Engineering als gut bewertet - Anwender klassischer Methoden hatten mehr Schwierigkeiten mit sich ändernden Anforderungen (vgl. ebd., S. 44).

Eine weitere Schwierigkeit liegt unter anderem darin, dass häufig der Mut zur Veränderung sowie auch der Mut Dinge anzusprechen fehlt und sich dies auch in der Arbeit mit agilen Methoden zeigt, da Mitarbeitern neue Freiräume und damit einhergehende Verantwortungen oft erst später bewusstwerden (vgl. Röpstorff/Wiechmann 2012, S. 19). Zusätzlich stellen sich im Rahmen von Scrum die Rolle des Scrum Masters und seine Position im Team zu Beginn als undurchsichtig und zu ineffizient dar, weshalb es gilt, in kleinen Schritten zu arbeiten und laufend Veränderungen und Bewegung sowie die agile Kultur zu fördern (vgl. ebd., S. 20). Letztlich fällt es vielen Unternehmen schwer, die agilen Werte zu leben, wobei es hilfreich sein kann, mit dem Team gemeinsam Werte zu diskutieren und zu besprechen (vgl. ebd., S. 21).

Auch Boehm und Turner sehen die Unternehmenskultur als einen zentralen Faktor an, der zwischen den unterschiedlichen Methoden verschieden ausgeprägt sein kann. So sei die Unternehmenskultur in agil arbeitenden Unternehmen von vielen Freiheiten geprägt und von jedem Einzelnen wird erwartet und darauf vertraut, dass er oder sie die nötige zu erledigende Arbeit abschließt - auch wenn es um Aufgaben geht, die regelmäßig anfallen oder häufig übersehen werden (vgl. Boehm/Turner 2003, S. 49). Zusätzlich hat eine agile Organisation immer einen revolutionären Beigeschmack (vgl. ebd., S. 50). Im Rahmen klassischer Methoden fühlen sich Mitarbeiter nach Boehm und Turner sicher und bekräftigt, wenn es klare Vorgaben und Prozesse gibt, die das Handeln und die eigene Rolle in klare Bahnen lenken - hier sprechen wir also von eindeutigen Aufgaben die erledigt werden sollen, wobei teilweise über die Tätigkeiten andere Kollegen oder Unternehmensbereiche kaum Wissen vorhanden sein kann (vgl. Boehm/Turner 2003, S. 49f).

Grundsätzlich sind auch andere unternehmensspezifische Faktoren wie Ziele, Unternehmensgröße und das Umfeld wichtig, wenn es um eine Entscheidung für oder gegen eine Methode geht. Hier bieten Boehm und Turner Ansatzpunkte, um die Identifikation der passenden Vorgehensweise zu unterstützen. So sind die vorrangigen Ziele agiler Methoden „rapid value and responsiveness to change" (vgl. ebd., S. 26), gestützt durch schnelle Entwicklung und auf dem Weg zu sammelnde Erfahrung. Die Autoren beschreiben dies als Laissez-faire Ansatz, der zwar den Verlust von Budget aufgrund falscher Annahmen vermeidet, aber auch kurzfristige Probleme fördern mag, die ein Projekt gefährden können (vgl. ebd.). Zusätzlich könne die schnelle Reaktionsfähigkeit bei Kunden, die sich häufig neu entscheiden, zu einem instabilen und chaotischen Projekt führen (vgl. ebd., S. 27). Klassische Methoden fokussieren sich im Gegensatz dazu auf Stabilität, Sicherheit und Voraussagbarkeit, worauf alle Methoden und Inkremente auch ausgelegt sind (vgl. ebd.). Bei Projekten mit stabilen Gegebenheiten macht dies sicherlich Sinn und funktioniert auch gut; kritisch wird es nur dann, wenn unvorhersehbare Dinge passieren, denn dann zögern sich Projektlaufzeit und die Höhe der benötigten finanziellen Mittel häufig hinaus (vgl. ebd., S. 27).

Schabel bezeichnet agile Vorgehen als „zartes Pflänzchen", dass in vielen Unternehmen erst zum Wachsen gebracht werden muss - und zwar durch eine Mischung „beider Organisationsformen, also agile Netzwerke sowie die hierarchisch geprägte Top-down-Struktur" (Schabel 2015). Für ihn sind beide Bereiche bei der Einführung einer Methode wichtig, damit es nicht zu einer gegenseitigen Abwehrhaltung kommt (vgl. ebd.). Zusätzlich muss der Mitarbeiter in den Fokus gerückt werden, wenn in Richtung agiler Methoden gedacht wird. Viele Unternehmen haben allerdings auch bereits festgestellt, dass die klassischen Hierarchiestufen die Mitarbeitermotivation nicht unbedingt fördern, und agile Methoden hier Abhilfe schaffen können und

Projektarbeit in den Fokus einer Organisation setzen (vgl. Schabel 2015). Schabel sieht dabei eine Kooperations- und Verantwortungskultur als unumgängliche Basis für agiles Arbeiten, KPI-gesteuertes Denken muss in den Hintergrund treten (vgl. ebd.).

Zur Unternehmensgröße halten Boehm und Turner fest, dass agile Methoden eher in kleinen oder mittelgroßen Projekten funktionieren - als grobe Orientierung nennen sie eine Zahl von 40 Personen (vgl. Boehm/Turner 2003, S. 28). In klassisch durchgeführten Projekten kann diese Zahl deutlich höher sein, wobei auch hier festgehalten werden muss, dass Manager diese Projektgrößen als zu groß einschätzen (vgl. ebd., S. 28). Darüber hinaus geben die Autoren an, dass klassische Vorgehensweisen sich für kleine Projekte aufgrund des hohen Planungs- und Verwaltungsaufwandes eher weniger eignen (vgl. ebd.). Was das Umfeld einer Organisation angeht, so eignen sich agile Methoden für eine Umgebung, die von hohen Change-Frequenzen und kurzen Produktlebenszyklen geprägt ist (vgl. ebd., S. 29). Dabei merken die Autoren an, dass durch ein schnell verfügbares Produkt eventuell später auftretende Probleme übersehen werden können (vgl. ebd.). Klassische Methoden funktionieren dann gut, wenn die Anforderungen vorher definiert werden können und relativ stabil bleiben - die Change-Frequenz sollte hier monatlich nur bei rund 1% liegen, was in der Realität aber eher unrealistisch ist (vgl. ebd., S. 31). Zusätzlich führen Boehm und Turner eine bessere Planung der zukünftigen Bedürfnisse als Vorteil klassischer Arbeitsweisen an (vgl. ebd.).

Viele Vertreter aus Project Management Offices (PMOs) sind der Meinung, dass agile Methoden ein wichtiges Zukunftsthema sind, wobei sich gleichzeitig viele nicht gut aufgestellt sehen, um dieser Aufgabe entgegen zu treten. (vgl. Komus 2017). Dies kann einerseits darin begründet sein, dass viele PMOs eher administrativ ausgerichtet sind und daher „nicht als Treiber für agile Methoden prädestiniert [sind]" (ebd.). Andererseits scheint oft auch die Zeit zu fehlen bzw. das

Thema nicht stringent genug verfolgt zu werden, was auch in mangelndem Methodenwissen zu agilen Methoden begründet sein kann (vgl. Komus 2017). Letztlich können auch die oft hierarchischen und linearen Kommunikationsstrukturen ein Grund dafür sein, dass der „Funke für agile und in Teilen selbstorganisierte Strukturen" (Komus 2017) nicht überspringt, und der Wandel hin zu anderen Methoden muss vom PMO aktiv „unterstützt, verstanden und gelebt werden" (ebd.). PMO-Vertreter müssen ihre eigene Einstellung in Bezug auf verschiedene Vorgehensmodelle hinterfragen, den Status quo erheben und daraus Maßnahmen ableiten, um einen Transformationsprozess anzustoßen (vgl. ebd.). Für einen Wandel hin zu neuen Prinzipien sind die Unternehmensspezifika sowie die Stakeholder einzubeziehen, um eine optimale Strategie ableiten zu können (vgl. ebd.).

Die Studie Status Quo Agile der Hochschule Koblenz identifiziert allerdings, dass nicht immer eine zentrale Organisationseinheit vorhanden ist, die den Einsatz von agilen Projektmanagement-Methoden unterstützt oder entwickelt. Bei den Befragten, in deren Unternehmen rein agil gearbeitet wird, antworteten 50%, dass eine zentrale Stelle vorhanden ist. In hybrid arbeitenden Unternehmen liegt dieser Wert nur bei 40% (vgl. Hochschule Koblenz 2017, S. 140) - zusätzlich gebe bei den rein agil arbeitenden Unternehmensvertretern fast 80% an, dass agile und klassische Organisationseinheiten getrennt sind, wenn vorhanden (vgl. ebd., S. 141). Im Bereich hybrid arbeitender Unternehmen liegt dieser Wert bei ca. 50% (vgl. ebd.). Interessant ist weiterhin, dass fast 75% der Befragten angeben, dass es keine ausgelagerte Organisationseinheit gibt, die ein höheres Maß an Innovation anstrebt, wie beispielsweise ein Innovation Hub oder Lab (vgl. ebd., S. 142).

Der Studie nach führten 61% der Befragten agile Methoden ein, um die Produkteinführungszeit zu minimieren (vgl. Hochschule Koblenz 2017, S. 16). Auch die Optimierung des Produktwertes (35%) und der Planbarkeit (31%) werden genannt (vgl. ebd.). Bemerkenswert ist zusätzlich, dass 27% der befragten Personen agile Methoden eingeführt haben, da sie mit klassischem Projektmanagement frustriert waren oder da Geschäftspartner die Nutzung agiler Methoden gefordert haben (vgl. Hochschule Koblenz 2017, S. 16). Hier scheinen in bestimmten Fällen auch externe Faktoren relevant zu sein und die eigene Betriebsleistung ist nicht immer treibende Kraft. Insgesamt schätzen 44% der Anwender agiler Methoden die Erfolgsquote ihres Projektmanagements mit 80% oder höher ein; bei durchgängig klassischen Anwendern liegt dieser Wert bei lediglich 32%. Zusätzlich sehen 72% der Vertreter aus agilen Unternehmen Veränderung als zentralen Faktor Ihres Unternehmens oder der eigenen Abteilung, bei klassischen Anwendern liegt dieser Wert nur bei 50% (vgl. ebd., S, 46).

In dieser Studie wurden auch Gründe gegen die Nutzung agiler Methoden untersucht. Hierbei teilte mehr als die Hälfte der Anwender klassischer Methoden mit, dass sie planen, sich mit agilen Methoden auseinanderzusetzen. Für rund ein Viertel waren agile Methoden allerdings kaum bekannt (vgl. ebd., S. 31). 17% sind der Meinung, dass Kosten und Aufwände für die Einführung und Nutzung agiler Methoden zu hoch sind, und nur 1% hat schlechte Erfahrungen mit agilen Vorgehensweisen gemacht (vgl. ebd.).

Bei den Anwendern hybrider Methoden geben 71% der Befragten an, dass die Rahmenbedingungen im Unternehmen keinen durchgängig agilen Einsatz von Methoden erlauben oder dass die aktuelle Situation ein Zwischenschritt zu einer vollständig agilen Arbeitsweise ist (31%) (vgl. ebd., S. 29). Insgesamt 29% geben an, dass die Unternehmensvorgaben nur eine hybride Methodik erlauben und 27% sind der Meinung, dass agile Methoden die Geschäftspartner überfordern (vgl. ebd.).

Im Rahmen klassischer Methoden bleibt es schwierig, mit unklaren Zielen zu planen, da klassische Methoden mit fest hinterlegten Meilensteinen und Kennzahlen arbeiten (vgl. von Bergen 2016, S. 2), die durch unklare Anforderungen weniger genau geplant werden können oder am Ende möglicherweise nicht eigehalten werden. Es kann in diesem Bereich auch zu Konflikten kommen, wenn beispielsweise unklar ist, ob es sich bei einem Problem um eine Fehlinterpretation einer Anforderung oder eine neue Anforderung handelt – wobei der Konflikt oft durch die Kompetenz- und Kostenfrage dominiert ist (vgl. Pröpper 2012). Durch User Stories kann dem entgegengewirkt werden, da sie die klare Stärke agiler Methoden im Bereich des Anforderungsmanagements darstellen, wodurch Ziel- und Planänpassungen leichter werden (vgl. Thun 2014a). In diesen Bereich wird der Auftraggeber eng eingebunden, sowohl bei der Anforderungsdefinition als auch bei der Ergebniskontrolle, um so den Kundennutzen zu maximieren (vgl. Kirchhof/Kraft 2011, S.8). Dadurch kann sich auch ein erhöhter Abstimmungsaufwand ergeben, der Zeit kostet (vgl. Thun 2014a). Gerade im Rahmen hybriden Vorgehens muss zusätzlich darauf geachtet werden, dass ein konsistentes Bild der Anforderungen entsteht und nicht doppelt spezifiziert oder implementiert wird, und dass die Anforderungen vollständig sind und keine Teile vergessen wurden (vgl. ebd.). Die Projektorganisation muss also eine organisatorische und technische Konsistenz sicherstellen, was beispielsweise dadurch möglich ist, dass ein Vertreter der Gesamtprojektsteuerung bei der Anforderungsdefinition mit eingebunden ist. So kann die inhaltliche Stringenz der Anforderungen gewährleistet oder überprüft werden (vgl. ebd.). Weiterhin ist auch der Programmiercode zu betrachten, der in agilen Projekten häufig besser konstruiert und dadurch auch besser wartbar ist als dies bei klassischen Projekten der Fall ist (vgl. Stellmann/Greene 2015, S. 5). Insgesamt stellt es sich bei klassischen Projekten als schwierig heraus, dass der Kunde erst zum Ende des Entwicklungsprozesses das Produkt zu sehen bekommt – „war die Produktbeschreibung am Anfang nicht exakt oder wurde sie nicht genau verstanden, so erhält er letztendlich nicht das, was er braucht" (Preußig 2015, S. 48). Es folgt dann häufig eine Wartungsschlange mit diversen Anpassungen, „die nicht selten einen vergleichbaren Aufwand erfordern wie alle vorherigen Phasen in Summe" (ebd.).

Der Branchenschwerpunkt bei allen Befragten der Studie liegt klar auf dem Bereich der IT/Softwarehersteller, gefolgt von Vertretern aus Banken und Versicherungen; weiterhin nahmen auch Vertreter aus der Dienstleistungsbranche, der Hightech- oder Elektroindustrie und Unternehmensberatungen sowie der Automobilindustrie teil, gefolgt von einigen weiteren Branchen (vgl. Hochschule Koblenz 2017, S. 152). Für agile Methoden sieht die Rangfolge identisch aus, wobei interessant ist, dass bei klassischen Methoden Banken und Versicherungen mit IT/Software-Herstellern gleich auf sind (vgl. ebd., S. 153f). Unternehmensberatungen tauchen bei den klassischen Anwendern gar nicht auf und auch die Hightech- und Elektroindustrie sind hier deutlich tiefer angesiedelt (vgl. ebd., S. 154). Dies lässt die Vermutung zu, dass in diesen Bereichen eher agil gearbeitet wird oder gearbeitet werden muss. Die HELENA-Study hielt als Ergebnis fest, dass weder die Branche noch die Unternehmensgröße wirklich beeinflussen, welche Methoden genutzt werden. Hier war das Ergebnis über die verschiedenen Unternehmenszweige und Größen der Unternehmen relativ einheitlich (vgl. Kuhrmann et al. 2017, S. 6). Bezüglich der genutzten Richtlinien für Projektmanagement ist festzuhalten, dass im Bereich des klassischen Projektmanagement 45% der Befragten nach Richtlinien der International Project Management Association arbeiten, 42% nach den Richtlinien des Project Management Institute (PMBOK) und 15% nach PRINCE2 (vgl. Hochschule Koblenz 2017, S. 160).

Die HELENA-Study 2017 zeigt ein ähnliches Bild: Hier stammten die meisten Befragten aus dem Umfeld der Web Applications and Services mit insgesamt 29% der Anwender, gefolgt von den Bereichen Medical Devices and Health Care sowie Public Sector/Public Contracting und Banking (vgl. Kuhrmann et al. 2017a, S. 5). Die Befragten gaben auf Methoden-Ebene an, dass die meistgenutzten Vorgehen Iterative Development, Scrum und Prototyping darstellen, gefolgt vom Waterfall/Phase Model (vgl. ebd.). Die agilen Methoden und Vorgehen waren dabei deutlich in der Überzahl im Vergleich zu klassischen Methoden (vgl. ebd.), was den bereits festgestellten Trend unterstützt, dass agile Methoden weiter verbreitet sind. Die Studie konnte keinen Zusammenhang zwischen Unternehmensgröße und genutzter Methodik erkennen – egal wie groß das Unternehmen ist, es wurden verschiedene Methoden kombiniert (vgl. Kuhrmann et al. 2017a, S. 6), was man gegebenenfalls anders erwarten würde. In kleineren Firmen wurden jedoch tendenziell mehr agile und hybride Methoden verwendet (vgl. ebd.). Auch die HELENA-Study deckt auf, dass vielfach klare Standards in Unternehmen existieren, an die sich die Befragten halten: 52% geben an, dass dies in ihrem Unternehmen der Fall ist (vgl. ebd., S. 7). 20% arbeiten nach Standards auf Ebene der Business Unit und 27% wählen die Methode je nach Bedarf (vgl. ebd.). Auch hier gibt der Großteil mit 84% an, dass die Auswahl der Methode auf Basis von Erfahrung und Know-how geschieht (vgl. ebd.).

Als Herausforderungen, die gegen die Nutzung hybrider Methoden sprechen, sahen die Befragten vorrangig ISO-Normen als Standards im Unternehmen an (vgl. ebd., S. 8). Dieses Phänomen trat sowohl in kleineren, als auch in größeren Unternehmen auf. In größeren Firmen sehen sich die Befragten aber diesbezüglich vor umfangreichere Probleme gestellt (vgl. ebd.). Weiterhin gaben einige Anwender an, dass das Problem nicht in der Agilität selbst liegt, sondern die Erfüllung der Standards stelle sich als schwierig heraus (vgl. ebd.). Interessant ist zuletzt, dass viele der Befragten angaben, dass hybride Methoden im Laufe der Zeit eingeführt wurden, weil sich das Unternehmen und die Erfordernisse geändert haben, also im Rahmen einer „natürlichen Evolution" (vgl. ebd., S. 9). Dabei wird ein hybrides Vorgehen weder durch die Unternehmensgröße, noch durch externe oder interne Standards ausgelöst oder unterstützt (vgl. ebd., S. 8f).

Auch die Unternehmenskultur wird durch die Wahl der Projektmanagement-Methode tangiert, verändert und auch beeinflusst. Häufig fördert die bestehende Unternehmenskultur dabei eher klassische Projekte (vgl. Aldushyna/Engstler 2015, S. 45). Dies wurde in einer Studie fast doppelt so hoch bewertet wie die Unterstützung seitens der Unternehmenskultur bei hybriden Projekten. Ebenfalls ist der

Umgang mit Problemen und Entscheidungswegen scheinbar häufig eher auf klassische als auf agile Vorgehensmodelle angepasst und standardisierte Unternehmensprozesse unterstützen eher klassische Denkweisen (vgl. Aldushyna/Engstler 2015, S. 45). Diese Situation ist sicherlich historisch gewachsen, da bis vor einiger Zeit in fast allen Unternehmen nahezu rein klassisch gearbeitet wurde und die Entwicklung erst langsam in Richtung agiler Methoden und Werte geht (vgl. ebd., S. 46). Grund für die mangelnde Unterstützung sind im Detail fehlende Erfahrungen mit agilen und hybriden Methoden und hierarchische Strukturen, die an klassischen Vorgehen orientiert sind (vgl. ebd., S. 45f).

Auch Thun hält fest: „Um zeitakute Projekte [auf dem Informations- und Telekommunikationstechnologiemarkt] mit hohem Erfolgsdruck zu lösen, bedarf es pragmatischer Ansätze. Eine rigide Festlegung auf vorgegebene Standards im Projektmanagement fügt kritischen Projekten oft mehr Schaden zu und schneidet Ihnen erfahrungsgemäß die ohnehin schon dünne Luft unnötig ab" (Thun 2014). Er ist der Ansicht, dass hier hybride Vorgehen eine Entlastung bieten können, gerade gegenüber klassischen Methoden - und rein agiles Vorgehen ist in der Regel nicht in jedem Unternehmensbereich einzusetzen (vgl. ebd.). Die Kombination beider Ansätze kann in diesen Situationen helfen, durch Kommunikation und Transparenz sowie Vertrauen die jeweiligen Vorteile der Methoden auszuschöpfen und wettbewerbsfähig zu bleiben, gerade auf dem hart umkämpften und schnelllebigen Markt in der IT-Branche (vgl. ebd.).

Finanzielle Ressourcen

„Eine Verschwendung von Ressourcen und ineffektiv wäre es, einfach lösbare Probleme agil anzugehen. Anders ist es, wenn die Entscheidungssituation kompliziert, komplex oder gar chaotisch ist. Dann ist es hilfreich, sich [...] für ein mehr oder weniger agiles Vorgehen zu entscheiden" (Von Bergen 2016, S. 2). Somit muss auch auf Basis der eingesetzten Ressourcen, darunter natürlich auch finanzielle Ressourcen, entschieden werden, welche Projektmanagement-Methode für die vorliegenden Anforderungen sinnvoll ist. Auch in diesem Bereich zeigen sich Vor- und Nachteile der verschiedenen Methoden, die es in den nachfolgenden Ausführungen zu erläutern gilt.

Als typische Problematik bei der Nutzung agiler Methoden ist die passende vertragliche Ausgestaltung zu sehen - dieses Problem wird in der Regel über herkömmliche Festpreisverträge oder einen Vertragsrahmen nach Time & Material gelöst (vgl. Opelt et al. 2012, S. 31). Beide Lösungsvarianten berücksichtigen allerdings die Spezifika agiler Projekte nicht ausreichend, weshalb es notwendig ist, einen Vertragsrahmen zu finden, „der den Spagat zwischen festem Kostenrahmen (Maximalpreisrahmen) und agiler Entwicklung - zum Beispiel im Rahmen von Scrum - unterstützt“ (ebd.). Opelt et al. bezeichnen diese Weiterentwicklung des klassischen Festpreisvertrages als „Agilen Festpreis“, der die Interessen von Anbietern und Kunden ausbalancieren und mit einer neuen Vertragsform ein kooperatives Modell für die Umsetzung schaffen soll (vgl. ebd.). Diese Vertragsform arbeitet mit einer Preisobergrenze und „enthält eine klare Methode, wie Teile des Leistungsgegenstandes (Sprints) auf Basis des Gesamtkonzepts (Backlog) gemeinsam definiert und umgesetzt werden, aber er enthält bewusst keine finale Leistungsbeschreibung“ (ebd.). Eine Einordnung des Agilen Festpreis-Vertrages im Vergleich zu anderen Vertragstypen wird über das nachfolgende Schaubild illustriert:

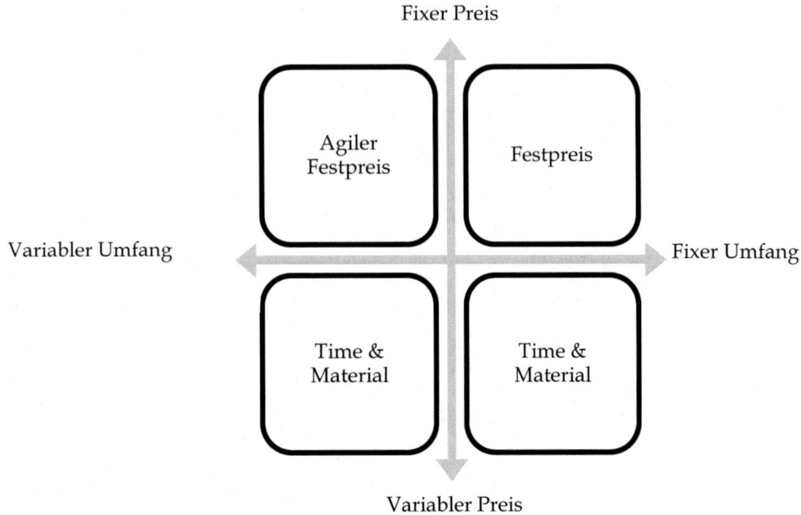

Abbildung 6: Anwendung von Vertragstypen. Quelle: Eigene Darstellung, in Anlehnung an Opelt et al. 2012, S. 32.

Die obenstehende Abbildung illustriert, in welcher Projektumgebung sich die Arbeit mit einem agilen Festpreisvertrag anbietet - und zwar dann, wenn der Umfang noch nicht genau definiert werden kann (oder soll), aber der Preis oder das Budget für ein Projekt bereits fixiert sind (vgl. Opelt et al. 2012, S. 32). Dies trifft oft auf IT-Projekte zu, beispielsweise wenn eine neue Software in eine bestehende, komplexe IT-Landschaft integriert wird. Oder bei Projekten, in deren Laufzeit eine neue Funktionalität erstellt wird, die zu Beginn selten schon voll ausdefiniert werden kann (vgl. ebd.). Dieses Vorgehen kann aber auch für standardisierte Produkte interessant sein, und zwar dann, wenn Detailspezifikationen, die bereits vorhanden sind, in den agilen Festpreisvertrag inkludiert werden, und als Entwicklungsmethode eine agile Methode genutzt wird (vgl. ebd., S. 33). Ein herkömmlicher Festpreisvertrag wird hingegen dann verwendet, wenn ein Projekt schon häufig in ähnlicher Form durchgeführt wurde, und mit wenig Abweichungen gerechnet werden muss (vgl. Opelt et al. 2013 S. 31). Doch auch hier kann es zu Problemen kommen: Dann fließt immer mehr

Aufwand in das Projekt und oft werden zu einem späten Projektzeitpunkt sehr aufwendig die entstandenen Fehler behoben (vgl. ebd., S. 35). Dies ist in den schon kurz thematisierten Schwächen des klassischen Wasserfallmodells zu begründen, welches davon ausgeht, dass der Vertragsgegenstand bereits zu Beginn vollumfänglich spezifiziert werden kann, dass Schwächen durch eine Verlängerung der Vertragslaufzeit ausgemerzt werden können, und sich Anforderungen stark verändern (vgl. ebd., S. 35).

Für den Kunden, aber auch für den Lieferanten kann das Nachteile haben: Der Kunde wartet im Zweifelsfall deutlich länger auf sein Produkt als geplant und ist eventuell mit der Funktionalität unzufrieden. Darüber hinaus hat der Kunde bei herkömmlichen Festpreisverträgen im Rahmen klassischer Projekte oft einen weiteren Nachteil zu tragen – denn er hat seine Spezifikation direkt zu Beginn oder vor Beginn des Projektes eingereicht und möchte eventuell weitere Funktionen einbringen, was ihn dann finanzielle Ressourcen kostet (vgl. ebd., S. 37). Der Lieferant kann Szenario in der Regel entspannter entgegensehen, da er sich am ausgehandelten Vertrag orientieren kann, nur das zu liefern hat, was vertraglich festgelegt ist und Change Request nach eigenem Ermessen mit einem Preis versehen kann (vgl. ebd.).

Auch Time & Material-Verträge können für den Kunden Nachteile beinhalten. Ein wichtiger Punkt ist die Kontrolle der eingesetzten Ressourcen, die beim Projektleiter und damit in der Regel beim Kunden liegt (vgl. ebd., S. 38). Zusätzlich kann es vorkommen, dass der Lieferant bewusst unzureichende Dokumentationen erstellt und dadurch die Abhängigkeit des Kunden fördert (vgl. ebd., S. 39). Somit gibt es ein eindeutiges Signal, dass sich für IT-Projekte eine andere Vertragsform eignet: Der bereits erläuterte agile Festpreisvertrag. Dieser soll ermöglichen, „geänderte Anforderungen abzuhandeln, aufwendige Detailanforderungen vor Projektstart zu vermeiden [...], vorgegebene Qualitäts- und Budgetrahmen einhalten zu können, Transparenz und zeitnahe Kommunikation sicherzustellen, Leistung in kurzen Abständen zu bewerten, früh einen ROI durch Ergebnisse von Sprints zu bringen […], permanente Feedbackzyklen etablieren, agil entwickelte Projekte klar kapitalisierbar zu machen, u.v.m." (Opelt et al. 2013, S. 40).

Diese Erkenntnisse werden durch die folgende Abbildung unterstützt, die jeweils das Magische Projektmanagement-Dreieck aus Sicht eines traditionellen und agilen Vorgehens beleuchtet. Die unterschiedlichen Ansätze und Philosophien der beiden Methoden werden dabei deutlich:

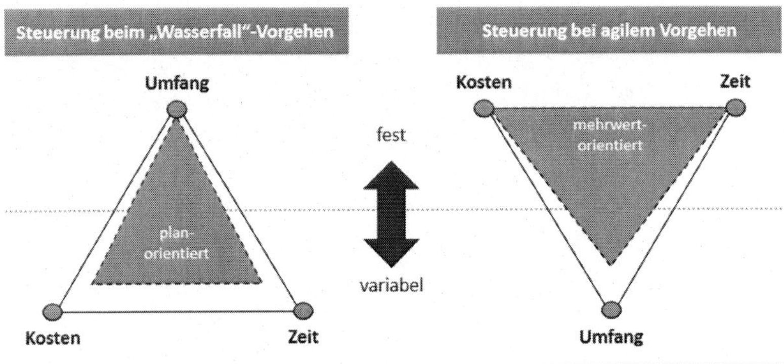

Abbildung 7: Magisches Projektmanagement-Dreieck aus klassischer und agiler Sicht. Quelle: Müller/Hüsselmann 2017, S. 51.

In der Interpretation des Dreiecks bei der Nutzung klassischer Methoden werden Zeit und Kosten als variabel angesehen, die Anforderungen jedoch als fix. Dies ändert sich in der agilen Sichtweise, die flexible Anpassungen an Markterfordernisse als dringend notwendig ansehen (vgl. Müller/Hüsselmann 2017, S. 50). Wenn es bei klassischen Projekten zeitlich eng wird, werden tendenziell eher die Meilensteine verschoben. Wird es bei agilen Projekten eng, wird in der Regel versucht, den Aufwand zu verringern (vgl. Preußig 2015, S. 41). Hiermit lassen sich sicherlich auch einige Schwächen der beiden Methoden begründen, die bereits thematisiert wurden oder zu einem späteren Zeitpunkt noch diskutiert werden.

Ein weiterer interessanter und für viele Unternehmen sicherlich relevanter Bereich ist das Controlling, welches in der Regel auf der Gesamtplanung eines Projektes beruht. Gerade bei Projekten mit langer Laufzeit und hoher Komplexität ergibt sich jedoch kein Nachteil, wenn ein agiles Vorgehensmodell genutzt wird (vgl. Schopka 2015, S. 183). Während klassische Projekte auch mit traditionellem Controlling bearbeitet werden und so ein regelmäßiger Soll-Ist-Vergleich möglich ist, muss dieses Vorgehen bei agilen und hybriden Methoden verändert werden (vgl. ebd.). Bei diesen Projekten muss das Controlling nach Schopka ergebnisorientierter werden, um unklare Kosten- und Terminpläne handhaben zu können (vgl. ebd.). Für Projekte mit kurzer Laufzeit und geringerem Leistungsumfang ist klassisches Controlling nach Schopka zielführend, je längerfristiger und größer das Projekt wird, umso aufwendiger wird die Planung und dadurch auch das Controlling (vgl. ebd., S. 184). Innerhalb agiler und hybrider Vorgehen kann das Controlling auf eine Verschiebung oder Veränderung von Anforderungen und Prioritäten eingehen und ein Leistungsfortschritt ist direkt ersichtlich, muss also nicht anhand von Hilfsgrößen hochgerechnet werden (vgl. ebd., S. 185). Möglich ist die praktische Umsetzung beispielsweise bei Nutzung von Scrum mit Hilfe von Sprint-Controlling, an dessen Schnittstelle der Scrum Master oder der Product Owner Informationen zur Verfügung stellt (vgl. ebd., S. 186). Laut Schopka muss das Controlling „die Grenzen der Planung und Kontrolle akzeptieren und sich aktiv an der Erreichung des Projektergebnisses und dessen anschließender Nutzung beteiligen" (ebd., S. 187).

Die Einführung agiler Methoden lohnt sich für 91% der Befragten aus der Studie Status Quo Agile: Sie geben an, dass die Verbesserungen durch die Nutzung agiler Methoden den Aufwand bei der Einführung bei weitem übersteigen (vgl. Hochschule Koblenz 2017, S. 21). Es gibt also diverse unternehmensspezifische und auch organisatorische Aspekte, die bei der Auswahl der passenden Methode berücksichtigt werden müssen, um im Individualfall für die eigene Organisation oder das eigene Team die richtige Entscheidung zu fällen.

Effekte auf personeller Ebene

Da klassische und agile Vorgehensmodelle grundsätzlich unterschiedliche Leitungsgefüge und Führungsrollen sowie Zusammensetzungen von Teams beinhalten, ergeben sich auch auf personeller Ebene Chancen und Risiken für beide Bereiche. So arbeiten klassische Vorgehensmodelle eher mit autoritärer Führung und Top-down-Entscheidungen, während im agilen Umfeld ein kooperativer Führungsstil herrscht und Entscheidungen soziokratisch gefällt werden (vgl. Müller/Hüsselmann 2017, S. 52). Bei agilen Vorgehen agiert die Führungskraft als „Mentor und Repräsentant der Stakeholder" (ebd.), im klassischen Umfeld plant, entscheidet und kontrolliert sie die Meilensteine des Projekts (vgl. ebd.). Auch die Zusammenstellung der Teams ist unterschiedlich, je nach Projektmanagement-Ansatz: In einer klassisch dominierten Umgebung ist das Team funktional gebildet und von einem hohen Spezialisierungsgrad geprägt, bei agilen Methoden wird das Team nach Fähigkeiten und Interessen zusammengesetzt und ist mit interdisziplinären Kenntnissen ausgestaltet (vgl. ebd.).

An jeglicher Stelle innerhalb eines Unternehmensreifeprozesses ist die Motivation der eigenen Mitarbeiter von enormer Relevanz, um leistungsfähige, zufriedene und kooperative Mitarbeiter zu beschäftigen und damit die Unternehmensleistung zu steigern (vgl. Pfetzing/Rohde 2011, S. 301f). Auch innerhalb von Projekten bieten sich „alleine schon durch den Einbezug in Gestaltungs- und Entscheidungsprozesse vielerlei Möglichkeiten zur Motivation und Identifikation (vgl. Pfetzing/Rohde 2011, S. 304). Andererseits kann für Mitarbeiter innerhalb der Projektarbeit auch eine gesteigerte Belastung einhergehen: Beispielsweise durch ausschließlich partielle Mitarbeit innerhalb von Projekten und damit verbundener Doppelbelastung oder zeitlichen Druck (vgl. ebd.). Pfetzing und Rohde definieren zwei

Handlungsfelder, die im Vordergrund stehen und für Motivation innerhalb eines Projektes sorgen. Einerseits zählt hierzu eine klare Regelung der Kompetenzen, zusätzlich gilt es, Projekte in die strategische Zielsetzung des Unternehmens einzuordnen, um hierdurch die notwendige Rückendeckung der Mitarbeiter zu erlangen (vgl. ebd., S. 305). Weiterhin ist für den Projektleiter wichtig, dass erreichte Ziele aufgezeigt werden und so Projektmüdigkeit vorgebeugt und ein Fortgang des Projektes ersichtlich wird (vgl. ebd.).

Auch die gesamte Einbindung der Mitarbeiter ändert sich durch hybride Methoden, wie Aldushyna und Engstler zeigen: In hybriden Projekten liegt die Motivation der Mitarbeiter deutlich höher, was auch hier durch früher sichtbare Projektergebnisse und Austausch mit den Stakeholdern sowie mehr Verantwortung für jeden einzelnen Mitarbeiter begründet wird (vgl. Aldushyna/Engslter 2015, S. 46). Andererseits wurde „die Verfügbarkeit der relevanten Erfahrungen, Wissen und Kompetenzen" (ebd.) in klassischen Projekten höher eingeschätzt, ebenso wie die Akzeptanz bei den Mitarbeitern. Als Erfolgsfaktoren sehen die Autoren an hybride Vorgehen angepasste Richtlinien, die Weiterentwicklung von Methodenkompetenzen und die Organisation von Schulungen und Informationsveranstaltungen (vgl. ebd., S. 51).

Aus Status Quo Agile lässt sich festhalten, dass die Optimierung der Teammoral mit 40% und die Optimierung der Kreativität mit 28% wichtige Faktoren sind, die Unternehmen zur Einführung agiler Methoden führen (vgl. Hochschule Koblenz 2017, S. 17). Die meisten Befragten (63%) geben an, in agilen Teams mit 5-9 Personen zu arbeiten, im Bereich der klassischen Methoden geben nur 28% diese Teamgröße an (vgl. Hochschule Koblenz 2017, S. 33) - hier sind die Teams oft 3-4 Personen groß (22%) oder sogar 10-15 Personen groß (29%) (vgl. ebd., S. 34). 10% der Befragten geben sogar an, dass bei der Nutzung klassischer Methoden das Team mehr als 25 Personen enthält (vgl. ebd.). Zusätzlich stellen aber auch das Team, interne Prozesse und die interne Umgebung die größten Barrieren dar, die von den Befragten als

Herausforderung bei der Einführung agiler Methoden gesehen werden (vgl. ebd., S. 42). Weiterhin interessant ist, dass die Einführung agiler Methoden oft durch das mittlere Management initiiert wird (vgl. ebd., S. 135) und die Eigeninitiative einzelner Mitarbeiter sowie Mitarbeitertrainings den Wandel gestützt und gefördert haben (vgl. ebd., S. 138).

Weiterhin ist anzuführen, dass der Erfolg eines Projektes immer auch stark mit der Kompetenz und dem Handeln des Projektleiters verknüpft ist – und in klassischen Projekten wird die Definition von Rollen, Kompetenzen, Aufgaben und Verantwortungen nach Aldushyna und Engslter effektiver bewertet (vgl. Aldushyna/Engslter 2015, S. 44). Dies liegt jedoch unter anderem daran, dass die Erfahrungen mit klassischen Vorgehensmodellen größer sind und die Umsetzung daher leichter fällt (vgl. ebd.). Bei hybriden Projekten andererseits gab es teilweise „Verständnisschwierigkeiten über die Rollendefinition und deren Akzeptanz" (ebd.), was bedeutet, dass Aufklärungsarbeit für die Mitarbeiter fehlt. Hier scheint es folglich ein Problem mit der Akzeptanz agiler Rollen zu geben, gerade bei hybridem Projektmanagement. Die Mitarbeiter sollten entsprechend geschult werden, um neue Rollen zu akzeptieren und zu verstehen und nicht auf „fachlich klar abgegrenzte Rollen oder tradierte Rollenmuster" (ebd.) wie bei klassisch geführten Projekten zu pochen.

Boehm und Turner führen an, dass agile Methoden auch von den Entwicklern innerhalb eines Projektes mehr Erfahrung und Können erwarten, als dies bei klassischen Methoden der Fall ist – „agile methods tend to need a richer mix of higher-skilled people" (Boehm/Turner 2003, S. 46). Im Rahmen klassischer Methoden werden nach den Autoren weniger hochtalentierte Mitarbeiter benötigt, auf denen dann aber auch weniger Verantwortung lastet (vgl. Boehm/Turner, S. 47). Zusätzlich halten die Autoren fest, dass die Sichtweise auf den Kunden je nach Methode unterschiedlich ist: Bei agilen Methoden wird der Repräsentant des Kunden als zentrale Person angesehen, die einerseits mit den späteren Nutzern selbst, andererseits aber auch mit dem Entwicklungsteam in regelmäßigem Kontakt stehen muss, wodurch sich bei Missverständnissen einer Seite Probleme ergeben können (vgl. ebd., S. 32). Bei klassischen Methoden existiert ein Vertrag zwischen Kunde und Entwicklern, der die Basis der Beziehung bildet und Anforderungen klar regelt – andererseits ist dies der größte Schwachpunkt der Beziehung, falls der Vertrag beispielsweise zu detailliert oder mit zu wenigen Details versehen ist (vgl. ebd.). Weiterhin nutzen agile Methoden die funktionierende Software zum Vertrauensaufbau, klassische Methoden arbeiten mit der Reife der genutzten Prozesse (vgl. ebd., S. 33).

Bei der Einführung von agilen Methoden müssen immer diverse Gruppen mit einbezogen werden. Dabei ist jeder Einzelne im Team wichtig, der agil arbeiten soll – der Transitionsprozess muss von Offenheit, Transparenz und Kommunikation geprägt sein, damit die Mitarbeiter ein neues Konzept mittragen. Wichtig ist die Verdeutlichung des Wertes agiler Techniken und die Überzeugung der Belegschaft, warum die neue Methode gewinnbringend ist (vgl. Gloger 2013, S. 21). Aber auch das mittlere Management muss entsprechend einbezogen werden, da ihm durch die Einführung agiler Methoden Wissenselemente entrissen werden und der Platz streitig gemacht wird, da viele Entscheidungen nun innerhalb des Teams getroffen werden (vgl. ebd.). Zuletzt müssen auch Kunden und das Umfeld ins Boot geholt werden – Gloger meint: „es muss sogar disruptiv auf das Netzwerk von Kunden- und Lieferantenunternehmen eingewirkt werden" (ebd., S. 22), damit Innovationen möglich sind.

Auch im Bereich der personellen Effekte sind zusammenfassend wichtige Faktoren zu beobachten, die die Einführung oder Nutzung einer Methode begünstigen, diese aber auch vor Herausforderungen stellen können. Hier müssen Unternehmen vor allem auf Basis von Transparenz und Kommunikation einbindend arbeiten und alle Betroffenen und auch nur indirekt teilhabenden Personen involvieren, um eine Methode effektiv und effizient einsetzen zu können. Ansonsten können sich Probleme ergeben, die sich nur mit viel Aufwand wieder beheben lassen.

Qualitätsaspekte

Im Rahmen von Projektmanagement hat Qualität auf mehreren Ebenen Relevanz: Einerseits als Sicherung von Qualität innerhalb eines Projektes (Qualität des Outputs, des Managementprozesses und des leistungserbringenden Systems) und andererseits als Etablierung eines Qualitätsmanagementsystems innerhalb einer Organisation (vgl. Patzak/Rattay 2014, S. 41). Der Qualitätsbegriff wird innerhalb der ISO 9000 Norm als ein „positiver oder negativer Grad, in dem ein Satz inhärenter Merkmale eines Produkts, Prozesses, einer Dienstleistung Anforderungen erfüllt" (vgl. Pfetzing/Rohde 2011, S. 219) definiert. Zusätzlich gibt es vielfach branchenspezifische Normen und Standards, von denen dann Qualitätsziele abgeleitet werden - zusätzlich kann sich eine Institution durch Zertifizierung zur Einhaltung eben dieser Normen verpflichten (vgl. ebd.). Dies bedeutet dann, dass auch alle Projekte die Qualitätsstandards des Unternehmens erfüllen müssen, was mit Hilfe der drei Prozesse Qualitätsplanung, Qualitätssicherung und Qualitätslenkung erreicht werden soll (vgl. ebd.).

Die Qualitätssicherung stellt weiterhin einen der größten Unterschiede zwischen klassischen und agilen Methoden dar. In klassisch gesteuerten Projekten wird der Qualitätssicherung eine eher untergeordnete Position zugeschrieben, was häufig auch einen Schwachpunkt, gerade bei IT-Projekten, darstellt (vgl. Kirchhof/Kraft 2011, S. 9). Bei agilen Methoden wird ein Arbeitspaket nur dann freigegeben, wenn der Verwender die Qualitätssicherung durchgeführt und das Inkrement abgenommen hat - man spricht hier auch von einer „Definition of Done" (vgl. Kirchhof/Kraft 2011, S. 9). Hierbei bietet sich an, Tester zu den Kundenmeetings mit einzuplanen, damit Bugs „erlebt" werden, hierdurch der Qualitätsanspruch steigt, und eine Ende-bis-Ende-Sicht auf die Funktionalität des Systems entsteht (vgl. ebd.).

Auch die Studie Status Quo Agile hat zum Ergebnis, dass eine Qualitätsoptimierung vielfach der Grund ist, agiles Projektmanagement anzuwenden – 47% der Befragten begründen die Einführung agiler Methoden hiermit (vgl. Hochschule Koblenz 2017, S. 16). Scheinbar werden agile Methoden also enger mit einem höheren Qualitätsstandard verbunden, was möglicherweise daran liegt, dass mit klassischen Projekten bereits negative Erfahrungen in Bezug auf die Zufriedenheit der Kunden mit der gelieferten Qualität gemacht wurden. Dies mag aus den bereits thematisierten Schwächen klassischer Methoden resultieren, die den Fokus mehr auf den Umfang eines Projektes legen, weniger auf die Kundenbedürfnisse und die Qualität.

Meyer sieht allerdings gerade in diesem Bereich auch eine Problematik agiler Methoden, die gerne vergessen wird. So arbeiten agile Methoden vielfach mit einer unzureichenden Dokumentation, die eine mangelnde Nachvollziehbarkeit der geleisteten Arbeit mit sich bringt und Folgeprojekte erschwert (vgl. Meyer 2014, S. 151). Außerdem sieht er das Testmanagement agiler Methoden als kritisches Vorgehen an, da in der Regel jeweils nur das aktuelle Inkrement getestet wird und eine übergreifende Sicht fehlt (vgl. ebd.).

Auch im Bereich des Qualitätsmanagements wird ersichtlich, dass es hier Unterschiede zwischen den Methoden gibt, die je nach Unternehmen relevant sein können. Unbestritten ist das Qualitätsmanagement im Rahmen des Projektmanagements ein Faktor, den Unternehmen nicht vernachlässigen dürfen, um auch Folgeprojekte eines Kunden zu erhalten. Hier gilt es, den passenden Ansatz für das eigene Unternehmen zu finden, möglicherweise auch in Richtung hybrider Methoden zu denken, um die Vorteile aus beiden Bereichen kombinieren und die bestmöglichen Ergebnisse erzielen zu können.

Risikomanagement

Innerhalb des Risikomanagements „sollen die potenziellen Probleme systematisch erforscht und gedankliche Konzepte erarbeitet werden, wie diesen Störungen begegnet werden könnte. Ziel des Risikomanagements ist dabei nicht, alle potenziellen Risiken zu vermeiden [...], sondern Handlungsspielräume zu schaffen, um bewusst auf mögliche Bedrohungen eingehen zu können" (Pfetzing/Rohde 2011, S. 359). Nach PMBOK umfasst der Risikomanagement-Prozess die folgenden Schritte: Risikomanagement planen, Risiken identifizieren, qualitative Risikoanalyse durchführen, quantitative Risikoanalyse durchführen, Risikobewältigungsmaßnahmen planen, Risiken überwachen und steuern und den Risikoeintritt managen (vgl. ebd.). Dabei gehören zu den Projektrisiken, die vorhanden sein können, Umsetzungsrisiken, Managementrisiken und auch soziale Risiken, die den Erfolg des Projektes beeinflussen können (vgl. Jenny 2016, S. 283). Weiterhin wird der Projekterfolg durch fünf Gruppen von Erfolgsfaktoren beeinflusst, zu denen unter anderem die Projektmanagement-Funktionen gehören, das heißt wie gut und aktiv ein Projekt geführt, geplant und kontrolliert wird (vgl. ebd., S. 293). Weiterhin ist das Umfeld des Projektteams relevant, wie beispielsweise die Projektträger und Betroffenen sowie andere involvierte Personen (vgl. ebd.). Auch Projektentwicklungsinstrumente, also die vom Team benötigten Werkzeuge, spielen in den Projekterfolg mit hinein und müssen in ausreichender Qualität zur Verfügung gestellt werden (vgl. ebd.). Natürlich beeinflussen auch das Team selbst und dessen Zusammensetzung und Know-how den Erfolg eines Projektes, und auch die Organisation selbst definiert, wie gut ein Projekt umgesetzt werden kann (vgl. ebd., S. 294). Erfolgreiche und misslungene Projekte werden dabei häufig in Ihrem Erfolg durch das Risiko definiert (vgl. ebd.).

Schon frühzeitig sollte durch ausreichende Planung festgehalten werden, welche Maßnahmen zur Vorbeugung oder Korrektur ergriffen werden können, um die Risiken möglichst gering zu halten. Es sollte erfasst werden, welche Risiken innerhalb des Projektes vorhanden sind (vgl. Peipe 2015, S. 51). Nach Peipe lassen sich die meisten Risiken „aus einer ungenauen oder unrealistischen Zielsetzung ableiten oder wenn die Machbarkeit des Projektes nicht gewährleistet ist" (ebd., S. 52). Das Risikomanagement und sein Stellenwert innerhalb des Projektes sind immer davon abhängig, in welchem Kontext das Projekt zu sehen ist. Wurde ein ähnliches Projekt erst vor kurzem durchgeführt und sind die Umfeldbedingungen stabil, so ist das Risikomanagement sicherlich auch vereinfacht durchzuführen (vgl. Pfetzing/Rohde 2011, S. 359).

Pröpper hält fest: „Die grundsätzliche Vorgehensweise zwischen einem agilen und dem klassischen Risikomanagement ist identisch. Es existieren allerdings alternative Techniken zur Verwaltung und Visualisierung von Risiken in agilen Projekten" (Pröpper 2012, S. 181). Agile Techniken können dabei einen Mehrwert für klassische Projektmanagement-Methoden bieten (vgl. ebd.). Das Risikomanagement stellt bei klassischen Methoden in der Regel einen unbekannten Faktor dar, der Unsicherheit schaffen kann - denn die Zeit- und Ressourcenplanung wird nur durch das Lastenheft abgedeckt, was darüber hinaus passiert, ist unklar (vgl. Thun 2014a). Abhilfe können hier Methoden wie das Risk Adjusted Backlog, ein Risikoregister welches Risiken priorisiert und nach der Wahrscheinlichkeit des Auftretens listet, bieten (vgl. ebd.).

Wie auch das Qualitätsmanagement scheint die Reduktion von Risiken ein zentraler Faktor zu sein, wenn es um die Einführung agiler Methoden geht. Aus der Studie Status Quo Agile lässt sich festhalten, dass 42% der Befragten agile Methoden eingeführt haben, um Risiken zu reduzieren (vgl. Hochschule Koblenz 2017, S. 16). Die HELENA-Study stellt zudem heraus, dass gerade im Bereich des Risikomanagements die Tendenz zu klassischen Methoden geht, auch wenn das Unternehmen sonst schon agil arbeitet (vgl. Kuhrmann et al. 2017a, S. 6). Hier finden sich gegensätzliche Aussagen, die aufzeigen, dass beide Methoden Vor- und Nachteile auf der Ebene des Risikomanagements mit sich bringen. Pröpper meint: „Wegen der erhöhten Flexibilität in agilen Projekten entsteht oftmals der subjektive Eindruck, dass agile Projekte einem höheren Risiko unterliegen. Aufgrund der Tatsache, dass eine hohe Flexibilität aber auch eine schnellere Reaktionsfähigkeit bedeutet, können beide Projektformen [Anm.: klassische und agile Methoden] den Risiken durchaus adäquat begegnen" (Pröpper 2012, S. 182).

In diesem Bereich muss im Einzelfall entschieden werden, welche Methode sich anbietet und zum Unternehmen passt, denn auch die Risiken gilt es bestmöglich abzuschätzen, um das Projekt für alle Beteiligten zufriedenstellend abschließen zu können. Es wird deutlich, dass hier zwischen den Methoden verschiedene Herangehensweisen existieren, die sicherlich nicht zu jeder Unternehmensphilosophie passen. Somit sollte ein Unternehmen sich auch hier festlegen, ob eine klare Positionierung stattfindet oder eine Mischung der Methoden angestrebt wird.

Umgang mit Wissen als Ressource

Ein eklatanter Unterschied zwischen klassischen und agilen Vorgehensweisen sind der Umgang mit Wissen und der Prozess der Wissensgenerierung (vgl. Gloger 2013, S. 10). Klassische Methoden beruhen auf einem linearen Modell der Verarbeitung von Wissen (vgl. ebd.). Selbst der PMBOOK schreibt, dass Fehlannahmen zu Beginn eines Projektes einfacher und vor allem billiger auszugleichen sind als in späteren Projektphasen (vgl. ebd.). Problematisch hierbei ist allerdings, dass nicht alle Anforderungen zu Beginn eines Projektes feststehen können und nicht einmal klar ist, ob die angestrebte Umsetzung das vorhandene Problem löst (vgl. ebd., S. 12). Wie bereits thematisiert ergeben sich gerade bei klassischen Projekten Probleme oft erst zum Ende der Projektlaufzeit, wenn es immer schwieriger wird, über Fehlfunktionen oder Veränderungen hinwegzusehen oder dringend benötigte Funktionen auszuschließen. In klassisch durchgeführten Projekten mangelt es an einem Denkschema das „Lernens durch Prototypen, die den Projektverlauf rigoros ändern können" (Gloger

2013, S. 129), es fehlt also ein Lernprozess, der durch „gemeinsames Arbeiten, Experimentieren und Ausprobieren entsteht" (ebd.). Auch dies begünstigt die bereits angesprochenen Zeit- und Budgetüberschreitungen bei vielen klassischen Projekten. Gloger hält zu klassischen Methoden fest: „Eine Management-Methode, die das Lernen im Projekt nicht berücksichtigt, weil ihre Grundannahme das gar nicht zulässt, ist nicht dazu geeignet, in komplexen Umfeldern dem Management einer Organisation die notwendigen Informationen zur Steuerung der Projekte zu liefern" (ebd.3, S. 13).

Die wichtigste agile Methode, Scrum, legt den Fokus andererseits auf Phasen der Reflexion innerhalb der Reviews oder der Retrospektiven, „bei denen Entscheidungen gemeinsam getroffen werden und das KundInnen-Feedback rasch eingebunden wird" (ebd.). Mit Scrum geht hierdurch häufig auch eine Produktivitätssteigerung einher, da Mitarbeiter zufriedener sind, die Qualität der implementierten Codes höher ist und für alle Beteiligten die Transparenz zum Stand der Produktentwicklung gegeben ist (vgl. ebd., S. 14f). Durch die Cross-Funktionalität von Teams kann Wissen schnell und zielgerichtet ausgetauscht werden, Ideen werden zeitnah abgestimmt und Verwaltungsinstanzen stehen der Kreativität nicht im Weg (vgl. ebd., S. 15). Wenn Funktionen sich nicht bewähren, können diese schnell und kostengünstig eliminiert und Probleme sowie Konflikte schnell erkannt und besprochen werden (vgl. ebd.). Mitarbeiter übernehmen überdies in Scrum-Teams teilweise Aufgaben, die nicht direkt ihren Kernkompetenzen entsprechen – was auch zu einer erhöhten Wissensgenerierung führen kann und die Mitarbeiter selbst weiterbildet (vgl. ebd.). Bei der Arbeit mit Scrum bietet sich so beispielsweise die Kombination mit Design Thinking an, welches „erfinderisches Denken mit radikaler Kunden- beziehungsweise Nutzerorientierung" (ebd., S. 19) darstellt. Es handelt sich um einen sehr ergebnisorientierten Ansatz, der auch mit Interdisziplinären Teams arbeitet und ähnliche Werte wie Scrum nutzt (vgl. Gloger 2013, S. 19). Zusammenfassend handelt es sich um eine „sich stets weiterentwickelnde Innovationsmethode" (ebd.), die den Wissensfluss fördert.

Dies unterstützen auch Boehm und Turner, die bei agilen und klassischen Methoden Unterschiede in Bezug auf die Dokumentation von Wissen sehen. Während bei klassischen Methoden der Fokus darauf liegt, das Wissen explizit zu dokumentieren, versuchen agile Methoden dies eher implizit über Kommunikation, aber auch explizit über den Code und das Testing (vgl. ebd., S. 36). Agile Methoden halten die Dokumentation dabei nur so umfangreich, wie diese sein muss; klassische Methoden dokumentieren nach Meinung der Autoren teilweise zu viele Dinge zu ausführlich (vgl. ebd.).

Der Umgang mit Wissen als Ressource wird von den verschiedenen Ansätzen unter anderem aus historischen Gründen unterschiedlich beleuchtet und mit unterschiedlicher Relevanz versehen. Auch hier ergeben sich sehr verschiedene Ausprägungen zwischen den Methoden, die von Unternehmen genauer betrachtet werden müssen, um eine Entscheidung treffen zu können. Es muss eine Positionierung stattfinden, die einerseits den Mitarbeitern und deren Entwicklung von Know-how Rechnung trägt, andererseits aber auch einem Unternehmen dieses gewonnene Wissen zur Verfügung stellt. Die Relevanz von Wissen als Ressource ist dabei unbestritten; fraglich ist, wo ein Unternehmen sich hier einordnen will, um einerseits wettbewerbsfähig zu bleiben, andererseits auch attraktiv für die eigenen Mitarbeiter zu sein.

Zwischenfazit

Die Ausführungen dieses Kapitels haben gezeigt, dass verschiedene Faktoren unterschiedliche Auswirkungen auf die Nutzung einer Projektmanagement-Methode haben. Dabei sind teilweise gravierende Unterschiede oder Gegensätze zwischen klassischen und agilen Methoden zu beobachten, teilweise sind die Differenzen weniger groß. All diese zuvor beschriebenen Faktoren beeinflussen oder prägen die Auswahl der Methoden. Sicherlich gehören aber noch einige weitere Aspekte mit dazu, die im Rahmen dieser Arbeit nicht beleuchtet werden konnten. So ist die Auswahl der Projektmanagement-Methode auch von der individuellen Projektart abhängig – bei externen Aufträgen ist in der Regel der Zeit- und Ressourcenplan enger gesteckt und erfordert damit ein genaueres Controlling und eine detailliertere Planung, als dies bei internen Projekten notwendig ist (vgl. Patzak/Rattay 2014 S. 22). Darüber hinaus sind weitere Faktoren einzubeziehen, wozu die Projektgröße zählt – handelt es sich um ein kleines (<5 Mitarbeiter, <2 Personenjahre), großes (>50 Mitarbeiter, >50 Personenjahre) oder ein mittleres Projekt (vgl. Drews/Hillebrand 2010, S. 8)? Weiterhin muss auch das Risiko, welches mit einem spezifischen Projekt einhergeht, betrachtet werden. Wenn bei Zwischenfällen die Existenz einer Organisation gefährdet ist, sind beispielsweise besondere Methoden zu verwenden (vgl. ebd., S. 9). Zusätzlich muss die Projektmanagement-Methode eventuell je nach Projektphase individuell gewählt werden, und auch die Projektkultur im Unternehmen beziehungsweise dessen Status im Aufbau eines systematischen Projektmanagements kann relevant sein (vgl. ebd.). Zuletzt sind auch das technologische Umfeld und die gesamte Projektsituation von Bedeutung. Liegt eine Mehr-Projekt-Umgebung vor, müssen eventuell spezifische Anforderungen berücksichtigt werden, die in einer Ein-Projekt-Umgebung nicht vorhanden sind (vgl. ebd.).

Für die Auswahl der passenden Projektmanagement-Methode sind darüber hinaus Fehlerquellen zu identifizieren, die bei der Auswahl mit einbezogen werden sollten. Diese Fehlerquellen umfassen: „Unklare Projektziele, unzureichende (Fein-)Planung, unterschätzte Komplexität, Erfahrung und Kompetenz des Projektleiters und der Projektmitarbeiter im Umgang mit agilen Vorgehensweisen, Projektkultur des Unternehmens […], Projektlänge von mehr als 1,5 Jahren […], Projektgröße – Mitarbeiter“ (Held 2015). Hierbei ist vor allem der Bereich der Komplexität relevant, innerhalb derer je nach Umfang der Komplexität Vorhaben in vier Bereiche eingeteilt werden können. Man spricht in diesem Zusammenhang von einfachen Vorhaben, die mit Hilfe von Best Practices bearbeitet werden können und komplizierten Vorhaben, die durch eine Mischung aus Good Practices gelöst werden sollen. Zusätzlich gibt es komplexe Vorhaben, bei denen die

Anforderungen erst im Nachhinein erfasst werden können – hier bietet sich ein Ansatz nach dem Motto „Probieren geht über Studieren" an. Bei chaotischen Vorhaben ist eine Lösung des Problems nicht existent, sondern der Fokus liegt in erster Line auf Schadensbegrenzung (vgl. ebd.).

Insgesamt wird ersichtlich, dass der Fokus vieler Unternehmen noch auf klassischen Vorgehensweisen liegt und die Einführung agiler und hybrider Denkweisen Herausforderungen mit sich bringt, die es zu überwinden gilt. Auf allen Ebenen wurden dabei Chancen und Risiken der jeweiligen Methoden identifiziert, die gegeneinander abgewogen werden müssen und deren Vorbeugung oder Beachtung sich für Unternehmen lohnt. Dann eröffnen sich vielfältige Perspektiven und Möglichkeiten, gerade durch hybrides Projektmanagement die besten Elemente aus den Welten zu kombinieren, um Projekte effizient und effektiv steuern und durchführen zu können. Notwendig sind dafür aber ein gewisser Mut sowie Veränderungsbereitschaft innerhalb des Unternehmens, um neue Methoden ins Gespräch zu bringen und neue Wege auszuprobieren. Hierfür sind die Unterstützung des Managements und eine entsprechende Unternehmenskultur nötig, um engagierten Mitarbeitern die Möglichkeit geben zu können, Ideen mit einzubringen. Grundsätzlich ist sicherlich auch ein kritisches Hinterfragen des eigenen Status quo unerlässlich, um wettbewerbsfähig zu bleiben und Chancen ergreifen zu können.

Handlungsempfehlungen zur Umsetzung von Projektmanagement-Methoden

Im Rahmen dieses Kapitels sollen mögliche Instrumente zur Unterstützung im Alltag oder bei der Einführung einer Projektmanagement-Methode aufgeführt werden. Hierbei werden Themen aus dem Bereich Organisation und Ressourcen ebenso einfließen wie Netzwerke und Verbände, die Unterstützung und Anleitung bieten können.

Organisation und Ressourcen

Damit Unternehmen ihr Projektmanagement effizient und effektiv aufsetzen können, bedarf es einer ausreichenden Unterstützung aus dem Inneren der Organisation, wie bereits in den vorigen Kapiteln erörtert wurde. Wie ein Umdenken hin zu einem projektorientierten Unternehmen vonstattengehen kann und wie die Organisation des Wandels und der vorhandenen Ressourcen funktioniert, stellt dabei einen wichtigen Faktor dar. Welche möglichen Ansätze in diesem Bereich gegeben sind und welche Best Practices sich hier herausgestellt haben, soll auf den folgenden Seiten erläutert werden. Es existieren hier noch unzählige weitere Empfehlungen, die nicht alle im Rahmen dieser Erarbeitungen einfließen können. Im Anschluss soll zunächst jedoch ein erster Überblick über Werkzeuge und Handlungsfelder gegeben werden. Dieser soll später die Unterstützung aus der Organisation selbst erleichtern.

Nach Schabel gibt es fünf Handlungsfelder für Organisationen, die agile Methoden einführen wollen. Hierzu zählt, eigene agile Businesseinheiten zu schaffen, die vom normalen Kerngeschäft getrennt sind, um agile Methoden auszutesten und Initiativen zu etablieren sowie die Mitarbeiter eng einzubinden (vgl. Schabel 2015). Weiterhin müssen Freiräume geschaffen werden, damit die agilen Einheiten effizient arbeiten können. Zusätzlich gilt es, Anreize zu schaffen, und das Management muss die Digitalisierungseinheit unterstützen, damit kein Verharren in alten Prozessen entsteht (vgl. Schabel 2015). Außerdem sollte das Denken in Schwarz und Weiß beendet werden und Fachbereiche sind zur Kooperation angehalten, wofür agile und klassische Denkweisen aufeinander zugehen und miteinander kommunizieren und diskutieren müssen (vgl. ebd.). Unternehmen sollten agile Projektarbeit darüber hinaus in den Fokus der Organisationsentwicklung stellen, um hier klar Position zu beziehen und auch bei Scheitern von Projekten nach deren Ursache forschen (vgl. ebd.). Letztlich muss nach Schabel eine Verantwortungskultur etabliert werden, in der mehr Verantwortung auf jeden einzelnen Mitarbeiter verlagert wird, um das Commitment der Belegschaft zu erhalten und wichtige Aufgabenfelder, die sich durch die neue Situation ergeben, an das Team zu delegieren (vgl. ebd.).

Auch Softwaresysteme für Projektmanagement bieten Möglichkeiten, das Management des Projektes zu optimieren und das Programm- und Portfoliomanagement zu unterstützen (vgl. Tolnai/Auth 2016, S. 2). Hier ist der Markt in den letzten Jahren deutlich gewachsen, es gibt viele Anbieter, die sowohl Software für klassisches als auch für agiles Projektmanagement anbieten, aber auch spezialisierte Unternehmen (vgl. ebd., S. 10). Bekannt sind auf diesem Gebiet vor allem im Bereich des agilen Projektmanagements beispielsweise JIRA, Projektron oder OpenProject (vgl. ebd.). Aber auch Software wie SAP bietet sich je nach Unternehmen (und Größe) für ein effizientes Projektmanagement an. Dabei ist immer spezifisch zu überprüfen, welches System zu den Projektanforderungen und dem Unternehmen passt. Neben Kriterien, die sich aus der jeweiligen Projektmanagement-Methode ergeben, müssen allgemeine Faktoren wie Wirtschaftlichkeit und Ergonomie berücksichtigt werden (vgl. ebd., S. 13). Mit Hilfe von gut auf die Erfordernisse angepasster Software lassen sich dabei sowohl Zeit als auch Ressourcen einsparen.

Da Scrum „zunächst keine Lösungen für den Einsatz in einer großen Organisation mit einer Vielzahl von Teams" (Daut 2015, S. 159) liefert, sind in der letzten Zeit Ansätze zur Skalierung des Vorgehens entstanden. Vielen Organisationen fällt es heutzutage schon leicht, agile Methoden einzusetzen, einige haben bis heute Probleme, diese Veränderung in der Organisation herbeizuführen, wobei Frameworks unterstützen können (vgl. Augustine 2016, S. 5). Agilität ist in der Regel nur auf einzelne, kleine Teams ausgelegt, kann aber prinzipiell auch auf größere Vorhaben mit vielen Mitwirkenden und verstärkter Arbeitsteilung angewandt werden (Mathis 2016, S. 2). Mathis hält fest, dass gerade bei zufälliger, nicht planbarer Komplexität Frameworks eingesetzt werden sollten (vgl. ebd., S. 4). Dabei beruhen die meisten Frameworks auf Ideen und Werten des Lean Thinking, welches aus der Lean Production entstand und sich auf Werthaltigkeit, Qualität und Flussorientierung fokussiert (vgl. Daut 2015, S. 160). Augustine hält fest, dass dies auch zentraler Faktor ist, warum Frameworks funktionieren oder nicht - ohne Lean Thinking scheint eine Änderung der gesamten Kultur eines Unternehmens schwieriger zu sein (vgl. Augustine 2016, S. 7).

Nach Daut sind bei der Auswahl eines passenden Frameworks für die eigene Organisation zwei Faktoren ausschlaggebend: die Größe der Entwicklungsorganisation einerseits und die Produkt- und Marktkomplexität sowie die Gesamtgröße andererseits (vgl. Daut 2015, S. 160). Bekannte und vielgenutzte Frameworks sind dabei SAFe und LeSS. Das Scaled Agile Framework (SAFe) ist ein Instrument für die Einbettung agiler Methoden innerhalb einer großen Organisation mit klassisch abgegrenzten Unternehmensbereichen (vgl. ebd.). Dabei definiert es „eine Aufbauorganisation in Form von Strukturen, Rollen und deren Abhängigkeiten, einen Prozess mit Artefakten, die zu definierten Zeitpunkten erstellt werden, Methoden und Praktiken" (ebd.). Der Kern dieses Frameworks ist dabei eine stabile Struktur innerhalb der Organisation, die die Arbeit mehrerer übergreifender Teams zusammenhält, die an einem Produkt oder Teilprodukt tätig sind. Dabei werden Rollen definiert und die Teams folgen einer angepassten und erweiterten Form von Scrum (vgl. Daut 2015, S. 160).

Large-Scale Scrum (LeSS) definiert einerseits eine vereinfachte Struktur, die auf Scrum-Teams und mehreren Product Ownern basiert, die auf tieferen Hierarchieebenen weniger, auf höheren mehr Verantwortung tragen (vgl. ebd.). Zusätzlich liefert es einen auf Scrum basierenden und kaum veränderten Ablauf für die Koordination innerhalb und zwischen den Teams, wie beispielsweise teamübergreifende Retrospektiven (vgl. ebd.). Weiterhin ist der Agile Scaling Cycle zu nennen, der sich weniger auf die Aufbau- und Ablauforganisation fokussiert, sondern „ein Vorgehen zur Entwicklung einer eben solchen Organisationsform für die jeweilige Umgebung" (ebd.). entwickelt. Die Umsetzung beginnt mit der Minimierung und Koordination von Abhängigkeiten, worauf eine Weiterentwicklung der Organisation folgt, die die aufgetretenen Probleme löst, dann beginnt der Zyklus wieder von vorne (vgl. ebd.).

SAFe schreibt eine komplexe Struktur und Vorgehensweise vor und arbeitet mit klar definierten Rollen, während LeSS einzelne Elemente von Scrum erweitert und eine weniger komplexe Hierarchie vorschreibt, der Scaling Cycle zeigt das Vorgehen zur Entwicklung einer Organisationsform auf und lässt Freiräume bei der Ausgestaltung der Hierarchie innerhalb der Organisation (vgl. ebd., S. 162). SAFe schreibt Rollen und Koordinationsmechanismen zum Umgang mit Komplexität und zu dessen Verringerung vor, LeSS und Scaling Cycle wollen Abhängigkeiten reduzieren und die Möglichkeit zur Selbstorganisation schaffen, wobei LeSS auch Mechanismen zum Umgang mit Abhängigkeiten enthält (vgl. ebd., S. 163f). Die Auswahl des passenden Instrumentes sollte einerseits von den angebotenen Produkten, dem Markt und der Umgebung abhängig sein, andererseits aber auch von der Organisation selbst (vgl. ebd., S. 164). Als generelle Einordnung schlägt Daut vor, SAFe für komplexe Organisationen mit großen Entwicklungsorganisationen zu verwenden, LeSS für kleinere Entwicklungsorganisationen und mittlere Komplexität und Scaling Cycle für geringe Komplexität und jede Größe der Entwicklungsorganisation (vgl. Daut 2015, S. 166).

Die Studie Status Quo Agile kommt zu dem Ergebnis, dass die Hälfte der Befragten SAFe als Framework nutzt, 30% nutzen LeSS und rund ein Fünftel nutzt sonstige oder individuelle Frameworks (vgl. Hochschule Koblenz 2017, S. 125). Dabei sind die Nutzer von SAFe und LeSS überwiegend zufrieden - rund 70% bewerten die Frameworks als gut oder sehr gut (vgl. ebd., S. 126). Es ist jedoch zu betrachten, dass die Grundgesamtheit begrenzt war und diese Zahlen nicht unbedingt allgemeingültig übertragen werden können.

Netzwerke und Verbände

Um eine solide und nachhaltige Umsetzung von Projektmanagement-Methoden zu gewährleisten ist es sicherlich für viele Institutionen hilfreich, sich Netzwerken und Verbänden anzuschließen - um Informationen rund um die Thematik zu erhalten und sich mit anderen auszutauschen, sich weiterzubilden oder an Tagungen teilzunehmen. Diese Möglichkeiten sind im Rahmen verschiedener Vereine und Institutionen gegeben, von denen vier im Folgenden kurz beschrieben werden sollen: die GPM, das PMI und die IPMA sowie die GI.

In Deutschland ist die deutsche Gesellschaft für Projektmanagement e.V. ansässig, kurz GPM. Der gemeinnützige Verein existiert seit mehr als 30 Jahren und hilft mit beratenden Tätigkeiten und Serviceleistungen für Einzelpersonen oder Unternehmen (vgl. GMP 2017a). Mit rund 8.000 Mitgliedern ist die GPM laut eigener Aussage „das größte Kompetenznetzwerk von Projektmanagement-Experten in Europa" (vgl. ebd.). Die GPM arbeitet dabei mit verschiedenen Fachgruppen, die themen- und branchenfokussiert oder auf spezielle Interessen ausgerichtet sind - so kann dann immer entsprechend passendes Know-how weitergegeben werden (vgl. GMP 2017b). Zusätzlich bietet der Verein Zertifizierungen und Qualifizierungen an und organisiert regelmäßige Veranstaltungen, veröffentlicht Publikationen und führt eigenständig oder in Kooperation Studien durch (vgl. GPM 2017c). Studienergebnisse und Publikationen sind dabei frei zugänglich, darüber hinaus existiert eine Fachzeitschrift, deren Artikel probeweise gelesen oder abonniert werden können (vgl. ebd.).

Auch in Deutschland vertreten ist der weltweite Verband des Project Management Institute, abgekürzt PMI. Dieser wird deutschlandweit in vier Regionen aufgeteilt und bietet ebenso Zertifizierungen und verschiedene Veranstaltungen an, an denen Mitglieder teilnehmen können (vgl. PMI 2017). Ziele sind der fachliche Austausch unter den Mitgliedern und die Weiterqualifikation sowie die Diskussion über aktuelle Themen (vgl. ebd.). Der Aufbau und die Idee scheinen dabei ähnlich der GPM zu sein, das PMI ist allerdings nicht über die nachfolgende IPMA vernetzt, sondern besitzt selbst ein Netzwerk der verschiedenen PMI-Standorte und zählt weltweit ca. 700.000 Mitglieder (vgl. ebd.).

Da es sich bei dieser Arbeit um eine Ausarbeitung mit Fokus auf IT-Projekten handelt, darf die Gesellschaft für Informatik (GI) als weiterer Verein, der den Austausch auf dem Fachgebiet fördert, nicht fehlen. Die GI besteht aus ca. 20.000 Mitgliedern und stellt nach eigener Aussage „die größte und wichtigste Fachgesellschaft für Informatik im deutschsprachigen Raum" (Gesellschaft für Informatik 2018) dar. Innerhalb verschiedener Fachbereiche, die weiterhin in Fachgruppen unterteilt sind, findet ein Austausch zu unterschiedlichen Themen statt (vgl. ebd.). Zusätzlich werden Tagungen und Seminare sowie Vorträge organisiert und Fachpublikationen veröffentlicht - außerdem wirkt die GI bei Normen und Standards mit (vgl. ebd.).

Die International Project Management Association, kurz IPMA, ist ein Dachverband, unter dem sich verschiedene Projektmanagement-Landesverbände summieren. Die IPMA vernetzt Experten aus dem Projektmanagement und bietet Know-how und Hilfestellungen an. Ziel sind die Nutzung der Synergien innerhalb des Netzwerks und die Verbesserung der Arbeit im Bereich des Projektmanagements (vgl.

IPMA 2017). Der Verband bietet Weiterbildungsmöglichkeiten, Zertifizierungen und Nachwuchsförderung und organisiert Konferenzen (vgl. ebd.). Zur IPMA gehören neben der GPM weitere länderspezifische Projektmanagement-Vereine, insgesamt sind rund 40 Länder unter dem Dachverband versammelt.

Zur weiteren Vernetzung ist auch die Zertifizierung möglich, die von verschiedenen Stellen für die jeweilige Methode angeboten wird. Bekannt sind hierbei im Bereich agiler Methoden Scrum Alliance und Scrum.org; im Bereich klassischer Methoden sind vorrangig Zertifizierungen der IPMA/GPM, des PMI und von PRINCE2 zu finden. Zertifizierungen helfen unter anderem Führungskräften dabei, Projektleiter oder Projektmanager zu beurteilen; andererseits sind sie auch für die Projektleiter ein sichtbares Indiz über die eigene persönliche Entwicklung (vgl. Pfetzing/Rohde 2011, S. 469). Eine unparteiische Institution bestätigt die Kompetenz eines Projektleiters auf Basis von international anerkannten Standards und bietet für das Unternehmen und den Projektmanager diverse Vorteile. Hierzu zählen für den Projektmanager neben den Nachweis der eigenen Kompetenz eine Reflektion des eigenen Könnens, ein Vorteil bei der Karriereplanung, ein anerkannter Titel und auch die Sicherstellung der Wettbewerbsfähigkeit im Vergleich mit anderen Projektmanagern (vgl. ebd.). Für Unternehmen bieten sich Zertifizierungen an, da so Qualitätsstandards gesetzt und Ergänzungen zur betrieblichen Personalentwicklung geschaffen werden. Darüber hinaus kann eine Imageverbesserung eintreten und Unternehmen sichern sich möglicherweise einen Wettbewerbsvorteil (vgl. ebd.).

Die verschiedenen Zertifizierungsmöglichkeiten sind dabei inhaltlich unterschiedlich ausgerichtet und arbeiten mit verschiedenen Prüfungssystemen; außerdem muss je nach Erfahrung, Kosten oder Vorbereitungszeit entschieden werden, welche Zertifizierung sich eignet (vgl. Brecht-Hadraschek 2014). Wichtig ist jedoch immer, dass die Zertifizierung einen Nutzen für den jeweiligen Projektmanager mit sich bringt und wie anerkannt die Zertifizierung international ist (vgl.

Brecht-Hadraschek 2014). Unternehmen sollten bei der Auswahl der richtigen Zertifizierung einerseits das Projektumfeld betrachten, andererseits gilt es auch in Betracht zu ziehen, in welchen Ländern das Unternehmen zukünftig tätig sein will und welche Systeme dort standardmäßig vorhanden sind (vgl. ebd.).

Ergebnisse aus der Empirie und Diskussion

Im Rahmen dieses Kapitels wird die Methodik der Auswertung der durchgeführten Experteninterviews näher erläutert sowie die Ergebnisse aus den Interviews im Detail betrachtet und anschließend zusammengefasst. Hieraus wird dann im Anschluss das zu erarbeitende Instrument entwickelt.

Einführung in Methodik und Durchführung der qualitativen Inhaltsanalyse

Für die insgesamt vier Experteninterviews wurde vorab ein halbstandardisierter Interviewleitfaden entwickelt. Dieser ermöglicht eine gewisse Konstanz zwischen den Interviews, lässt aber Raum für Zusatzfragen oder eine Abwandlung der Fragenreihenfolge. Der Interviewleitfaden findet sich im Anhang A. Im Anschluss an die Durchführung der Interviews wurden diese transkribiert (vgl. Anhang B), wobei allerdings Sprechpausen, die Stimmlage oder ähnliche Details nicht mit aufgenommen wurden. Eine derart detaillierte Transkription schien für diese Arbeit nicht relevant zu sein, da der Inhalt des Gesagten im Vordergrund steht und Rahmenbedingungen sowie Verhalten der Teilnehmer – also der gesamte Kommunikationszusammenhang - für die Fragestellung weniger relevant sind (vgl. Mayring 2015, S. 48).

Die Methode der Inhaltsanalyse nach Mayring wurde für diese Arbeit ausgewählt, da sie einerseits ein systematisches, theoriegestütztes und regelgeleitetes Vorgehen darstellt, auf der anderen Seite allerdings auch auf die jeweilige Fragestellung angepasst und individuell erarbeitet wird (vgl. ebd., S: 48f). Hierdurch ergibt sich einerseits eine große Freiheit in der Analyse, andererseits existiert aber auch ein Regelkonstrukt, welches als Orientierungshilfe dient. Zentrale Relevanz besitzt für Mayring die Kategorienbildung aus dem zu analysierende Material heraus (vgl. ebd.). Wie genau diese Kategorien gebildet werden, soll mit Hilfe der von Mayring entwickelten Analysemethoden das Ergebnis der Inhaltsanalyse für andere nachvollziehbar machen (vgl. Mayring 2015, S. 49) Die vorliegenden Interviews wurden mit Hilfe induktiver Kategorienbildung analysiert, wobei die Offenhaltung der inhaltsanalytischen Einheiten zielführend ist (vgl. ebd. und Kuckartz 2012, S.17f). Mayring unterscheidet bei der Analyse sprachlichen Materials zwischen den Ansätzen Zusammenfassung, Explikation und Strukturierung. Nachfolgend sollen die Bestimmung des Materials und die Fragestellung der Analyse erläutert werden. Anschließend werden die Analyseschritte definiert und die Kategorienbildung erläutert.

Bestimmung des Materials und Fragestellung der Analyse

Die Bestimmung des Ausgangsmaterials beginnt mit der Festlegung des Materials (vgl. Mayring 2015, S. 53). Der sogenannte Corpus besteht in dieser Arbeit aus vier Interviews mit Experten auf dem Themengebiet der Projektmanagement-Methoden. Ein Umfang von vier Interviews schien für diese Arbeit ausreichend, um den festgelegten Umfang nicht zu überschreiten. Im Rahmen einer weiterführenden Studie wäre eine Ausweitung der Teilnehmer vor allem aus Repräsentativitätsgründen interessant. Die Auswahl der Experten folgte auf Empfehlung und Kontaktaufnahme des Zweitbetreuers, Herrn Prof. Dr. Ralf Kneuper. Somit kann hier von einer Zufallsauswahl gesprochen werden, da nur diejenigen Personen befragt wurden, die sich auf die E-Mail-Anfrage von Herrn Dr. Kneuper hin gemeldet haben. Als nächster Schritt folgt die Analyse der Entstehungssituation (vgl. ebd.). Wie bereits thematisiert, fungierte einer der Betreuer dieser Arbeit als Interagent zwischen der Verfasserin und den Interviewpartnern, um den Kontakt zur Durchführung der Interviews herzustellen. Ziel der Interviews war eine Erhebung der aktuellen Meinungs- und Stimmungslage der Experten auf dem Themengebiet um hierdurch die Ergebnisse aus der Literaturanalyse zu untermauern oder zu ergänzen. Die Entstehungssituation war jeweils ein telefonisches Interview, die

Örtlichkeit und Umfeldbedingungen sind für die Entstehung der Interviews nicht weiter interessant, da nur die Aussagen selbst, und nicht deren Beobachtungsdaten relevant sind. Letztlich sind für die Bestimmung des Ausgangsmaterials die formalen Charakteristika entscheidend (vgl. Mayring 2015, S. 53). Die aufgenommenen Interviews wurden transkribiert, um als niedergeschriebener Text für die Analyse verwendet werden zu können. Hierfür wurde ein einfacher Transkriptionsstil ohne Kenntlichmachung von Sprechpausen oder Ähnlichem verwendet.

Wenn das Material nach den zuvor genannten Schritten beschrieben wurde, „so ist der nächste Schritt, sich zu fragen, was man eigentlich daraus herausinterpretieren möchte" (ebd., S. 56). Denn nur so ist eine gehaltvolle Inhaltsanalyse durchzuführen. Für diesen Zweck wird in zwei Arbeitsschritten vorgegangen. Zuerst wird die Richtung der Analyse beschrieben. Durch die geführten Interviews sollten die Experten dazu angeregt werden, über verschiedene Projektmanagement-Methoden nachzudenken, Vor- und Nachteile zu nennen und eigene Erfahrungen mit einzubringen. Richtung der Analyse ist somit, durch die Interviews Aussagen über den kognitiven und den Handlungshintergrund der Interviewpartner treffen zu können (vgl. ebd., S.57).[9] Als zweiter Analyseschritt folgt die theoriegeleitete Differenzierung der Fragestellung. Die gesamte Analyse des Materials folgt präzisen, vorab festgelegten Fragestellungen.

Für die Analyse der Interviews wurden die folgenden Hauptfragestellungen festgesetzt:

Fragestellung 1: Welche Vor- und Nachteile sehen die Experten bei bestimmten Projektmanagement-Methoden?
Fragestellung 2: Lassen sich hieraus Best Practices für die Nutzung und Einführung bestimmter Methoden festhalten?

---

9 Zur weiteren Erläuterung kann das inhaltsanalytische Kommunikationsmodell nach Mayring herangezogen werden, Vgl. Mayring, 2015, S. 57.

Analyseschritte der Inhaltsanalyse

Zunächst werden Analyseeinheiten festgelegt, um eine Präzision der Analyse zu ermöglichen (vgl. Mayring 2015, S. 59). Die Kodierungseinheit beschreibt den kleinsten Materialbestandteil, der analysiert werden darf und unter einer Kategorie eingeordnet werden kann, die Kontexteinheit legt den größten Materialbestandteil fest, der einer Kategorie zugeordnet werden kann, und die Auswertungseinheit besagt, welche Teile des Textes nacheinander ausgewertet werden (vgl. ebd.). Die Auswertungseinheit stellen die vorliegenden vier Interviews dar. Diese werden zuerst einzeln ausgewertet und im Anschluss in ein gemeinsames Kategoriensystem eingeordnet und zueinander in Beziehung gesetzt. In diesem Fall fällt die Kontexteinheit mit der Auswertungseinheit zusammen, da die gesamten Interviews analysiert werden sollen. Die Kodiereinheit, also den kleinsten Materialbestandteil, stellen die inhaltstragenden Satzteile dar, die einer Kategorie zugeordnet werden können.

Induktive Kategorienbildung

Wie zuvor erläutert unterscheidet Mayring zwischen drei Grundformen der Inhaltsanalyse: Die Zusammenfassung, die Explikation und die Strukturierung. Im Rahmen dieser Arbeit wird auf die Technik der Zusammenfassung und der induktiven Kategorienbildung zurückgegriffen. Im Rahmen der Zusammenfassung ist das Ziel, „das Material so zu reduzieren, dass die wesentlichen Inhalte erhalten bleiben, durch Abstraktion einen überschaubaren Corpus zu schaffen, der immer noch Abbild des Grundmaterials ist" (ebd., S. 65). Kuckartz schlägt hierzu vor, mit der sogenannten initiierenden Textarbeit zu beginnen. Hierbei soll der Text „sequentiell vollständig durchgelesen werden. Ziel ist es, zunächst ein erstes Gesamtverständnis für den jeweiligen Text auf Basis der Forschungsfrage(n) zu entwickeln" (Kuckartz 2012, S. 53). Dies hat die Verfasserin mit Hilfe von Markierungen und Stichwortartigen Zusammenfassungen von relevanten Punkten in den jeweiligen Transkripten systematisch erarbeitet. Die

Markierungen wurden in entsprechender farblicher Unterlegung[10] an die späteren Kategorien angepasst (vgl. Anhang B und C). Im Zuge der zusammenfassenden Inhaltsanalyse werden zuerst inhaltstragende Textstellen paraphrasiert, wobei nicht inhaltstragende Bestandteile weggelassen werden. Hierbei sind die Formulierung auf eine einheitliche Sprachebene und die grammatikalische Kurzform eines Textteils wichtig. Mayring spricht in diesem ersten Schritt auch von den Z1-Regeln, an die sich gehalten werden soll (vgl. Mayring 2015, S. 69). Nachfolgend werden die Aussagen im Zuge der Generalisierung verallgemeinert. Abschließend folgt die Reduktion des Materials, die Zusammenfassung gleicher Aussagen nach den Z2-Regeln (vgl. ebd., S. 69). Zuletzt muss eine Rücküberprüfung stattfinden, ob die Aussagen aus dem entwickelten Kategoriensystem das vorliegende Ausgangsmaterial in ausreichender Form repräsentieren – Mayring spricht hier auch von Z3- und Z4-Regeln (vgl. ebd.).

Die induktive Kategorienbildung wird direkt aus dem Text heraus entwickelt, ohne vorab theoretische Konzepte einzubeziehen. Durch die induktive Kategoriendefinition ist eine „möglichst naturalistische, gegenstandsnahe Abbildung des Materials ohne Verzerrungen durch Vorannahmen des Forschers" (ebd., S. 84) möglich. Parallelen gibt es auch zur Grounded Theory, in der dieser Analyseschritt als offenes Kodieren bezeichnet wird (vgl. ebd.). Als erster Verfahrensprozess wird ein Selektionskriterium festgelegt. Mit dessen Hilfe kann bestimmt werden, welche Materialbestandteile für die Kategorienbildung Relevanz besitzen und welches Material ausgeschlossen wird. Es wird ein Abstraktionsniveau der zu erarbeitenden Kategorien festgesetzt und das Material entsprechend durchgearbeitet (vgl. ebd., S. 84f). Immer wenn ein „Selektionskriterium erfüllt ist, wird entschieden ob die Textstelle unter die bereits gebildete Kategorie fällt (Subsumption) oder eine neue Kategorie zu bilden ist" (ebd., S. 85). Letztlich wird geprüft, ob die Kategorien das Ziel der Auswertung treffen. Falls dies nicht der Fall ist, muss die Auswertung noch einmal neu

---

10 Anmerkung: In dieser Veröffentlichung wurden die farbigen Markierungen in schwarz-grau-Abstufungen hinterlegt.

durchgeführt werden (vgl. ebd.). Die Verfasserin hat sich dazu entschieden, das gesamte auf diese Weise identifizierte Kategoriensystem zu interpretieren. Alternativ wäre auch eine induktive oder deduktive Bildung von Hauptkategorien möglich oder eine quantitative Analyse denkbar gewesen (vgl. Mayring 2015, S. 85). Aufgrund des Umfangs des Materials erschien eine Interpretation des gesamten Materials als zielführend.

Ergebnisse aus den Interviews

Insgesamt wurden aus den transkribierten Interviews acht Kategorien identifiziert, die nachfolgend erläutert und mit den Aussagen der Experten gefüllt werden sollen. Kuckartz unterscheidet insgesamt zwischen „(mindestens) sechs Arten von Kategorien" (Kuckartz 2014, S. 43). Eine Übersicht über seine Einordnung findet sich in der nachfolgenden Tabelle:

Art der Kategorie	Beschreibung
Fakten-Kategorie	Bezieht sich auf bestimmte objektive oder vermeintlich objektive Gegebenheiten. Bsp.: Klassifizierung eines Berufes, Bezeichnung eines Ortes.
Inhaltliche Kategorie	Bezeichnet einen bestimmten Inhalt. Bsp.: Ein Thema, Argument, Akteur.
Analytische Kategorie	Resultat der Auseinandersetzung des Forschers mit dem Datenmaterial, entfernt sich von der Beschreibung, die mittels thematischer Kategorie erfolgt.
Natürliche Kategorie	Terminologien und Begriffe, die von den Handelnden verwendet werden. Übergang zur analytischen Kategorie oft fließend.
Evaluative Kategorie	Besitzen eine definierte Anzahl von Ausprägungen, aufgrund derer eine Einschätzung des Materials stattfindet.
Formale Kategorien	Bezeichnet Daten oder Informationen über die zu analysierende Einheit. Bsp.: Dauer des Interviews in Minuten, Datum des Interviews.

Tabelle 3: Übersicht über Arten von Kategorien. Quelle: Eigene Darstellung, in Anlehnung an Kuckartz 2015, S. 43f.

Auf Basis dieser Einordnung sollen die von der Verfasserin erarbeiteten Kategorien einsortiert werden. Dabei wird ersichtlich, dass hauptsächlich inhaltliche Kategorien vorliegen, da die Interviews als Zielsetzung die Identifikation bestimmter Themen und Argumente anstrebten. Insgesamt wurden die folgenden acht Kategorien identifiziert:

- Adaptivität agiler Methoden / Umgang mit hoher Change Frequenz
- Planbarkeit klassischer Methoden
- Nutzung hybrider Methoden
- Potenziale hybrider Methoden
- Regulierung von Projekten
- Änderungsbereitschaft / Teams / Führungskräfte / Unternehmenskultur
- Auswahl der Projektmanagementmethode
- Relevanz von Know-how

Die gesamte Inhaltsanalyse nach Mayring findet sich im Anhang C dieser Arbeit. Nachfolgend sollen die erarbeiteten Kategorien inhaltlich näher erläutert werden.

Kategorie Adaptivität agiler Methoden / Umgang mit hoher Change-Frequenz

Als erste Kategorie wurde der Bereich Adaptivität agiler Methoden und Umgang mit hoher Change-Frequenz identifiziert. Alle Interviewpartner haben diesen Vorteil agiler Methoden in irgendeiner Form genannt – sei dies als Umgang mit sich stetig ändernden Anforderungen oder unklaren Aufgaben (vgl. Sellmann 2017, Anhang B). Ersichtlich wird dies durch die folgenden Aussagen: „als Vorteil sehe ich den Umgang mit unklaren Aufgaben bei klaren Zielen. […] Wenn die Anforderungen dabei noch nicht ganz klar sind, dann ist agil oft eine bessere Methode sich an die Detailaufgaben heranzutasten" (vgl. ebd., S. 85) oder: „Vorteil ist, dass auf unterschiedliche kurzfristige Anforderungen oder Umfeldänderungen flexibel reagiert werden kann“ (ebd., S. 94). Genannt wird zusätzlich der Bereich der Dokumentation, die als Zeitfresser bei agilen Methoden teilweise nahezu komplett ausgeblendet wird, sich fast immer aber als deutlich weniger umfangreich zeigt als dies im Rahmen klassischer Methoden vonnöten ist. Eckhart Hanser nennt dies als den für ihn zentralen und ausschlaggebenden Faktor, auf agile Methoden zurückzugreifen (vgl. Sellmann 2017, Anhang B, S. 99). Dass alle Experten die gleiche Meinung teilen und dies unabhängig voneinander mitteilen, zeigt die Relevanz dieses Argumentes für die Nutzung agiler Methoden. Die Interviewpartner antworteten allesamt auf die Frage nach den Vor-und Nachteilen agiler Methoden damit, dass eine höhere Flexibilität in der Durchführung der Methode und der Umgang mit unklaren Anforderungen und Kunden, deren Meinung sich häufig ändert, als Erfolgsfaktor der agilen Vorgehensmodelle zu sehen ist (vgl. ebd.).

Kategorie Planbarkeit

Als zweite Kategorie identifizierte die Verfasserin den Bereich der Planbarkeit klassischer Methoden. Diese Kategorie wurde von allen Experten in den jeweiligen Interviews genannt, wobei die Meinungen in diesem Bereich teilweise auseinandergingen. Alexander Volland, Helge Nuhn und Thomas Greb nannten die nahezu uneingeschränkte Planbarkeit von klassischen Vorgehensweisen als zentralen Vorteil dieser Methoden (vgl. ebd.). Als Beispiel nennt Alexander Volland: „Ich erhalte im klassischen Projektmanagement nachvollziehbare Ergebnisse und ich kann die Zielerreichung aufzeigen. Wenn der Kunde zur Hälfte der Projektlaufzeit fragt, ob ich fertig werde und er alle Funktionen erhält, die er benötigt, dann kann ich ihm die Frage beantworten“ (ebd., S. 86). Die Option, den Kunden jederzeit mit einem genauen Feedback über den Projektstatus informieren zu können, oder auch die Kompatibilität mit Business Cases und Abhängigkeiten zu anderen Systemen, nennt auch Thomas Greb (vgl. ebd., S. 95). Laut Helge Nuhn sind klassische Vorgehensmodelle besonders dort geeignet, „wo man in einem sicheren Umfeld ist und ein klares Projektziel hat. Wo man Projekte schon etliche Male durchgeführt hat, in der gleichen oder vergleichbaren Form" (ebd., S. 91). Einzig Eckhart Hanser wägt hier etwas ab: „Ich kann es (Anm.: klassische Methoden) zwar planen, aber ob es eintrifft, weiß ich auch oft nicht" (Sellmann 2017, Anhang B, S. 99f) - er spricht in diesem Zusammenhang auch von Pseudo-Planbarkeit, die auf dem Papier zwar gut durchzuführen ist, der Realität aber oft nicht gerecht wird.

Kategorie Nutzung hybrider Methoden

Im Zuge der dritten Kategorie „Nutzung hybrider Methoden" wurde die Meinung der Experten bezüglich der aktuellen Verwendung hybrider Projektmanagement-Methoden im Unternehmensalltag erfragt. In dieser Kategorie wird wieder ein gemischtes Bild deutlich; einig sind sich alle Experten aber darin, dass die Nutzung hybrider Vorgehensweisen steigt. Als Begründung hierfür nennt Nuhn: „Das hat viel damit zu tun, dass Unternehmen schon die existierenden Regelwerke haben und dann rein agil nicht so durchzuführen wäre, wie man das vielleicht möchte. Da gibt es ja immer Rahmenbedingungen, an die man sich halten muss" (ebd., S. 91). Er führt an, dass auch Studien den Erfolg agiler Methoden im Vergleich zu rein klassischen Arbeitsweisen belegt haben - daher sieht er den nachhaltigen Erfolg hybrider Vorgehen als wahrscheinlich an (vgl. ebd.). Thomas Greb ist der Meinung, dass hybride Methoden vielfach in großen Projekten eingesetzt werden. Er erläutert: „Meiner Meinung nach wird die Nutzung zukünftig immer mehr werden, weil es Teile gibt, die man nicht agil machen möchte, kann oder darf, und weil aber gleichzeitig agil in vielen Bereichen Vorteile hat" (ebd., S. 95). Auch er verweist auf Studien zur Nutzung hybrider Methoden, beispielsweise vom CMMI Institute (vgl. ebd.). Sein Fazit zu dieser Thematik lautet ebenfalls, dass er die Entwicklung hin zu hybriden Methoden als sinnvoll erachtet (vgl. ebd.). Für Herrn Hanser ergibt sich die steigende Nutzung hybrider Methoden aus dem Alltag in Unternehmen. Er führt an, „dass viele Firmen mit agil tatsächlich eher etwas in Richtung hybride Methoden meinen und sich dabei nicht wirklich auf das agile Manifest berufen" (ebd., S. 100). Er unterstreicht damit, dass für die Praktiker im Gegensatz zu den akademischen Vertretern die Umsetzbarkeit und der praktische Nutzen einer Methode im Vordergrund stehen (vgl. ebd.). Alexander Volland nennt hybride Ansätze „ein Hilfskonstrukt, um agile Arbeitsweisen in klassisch geplante Unternehmen einzubauen" (Sellmann 2017, Anhang B, S. 87). Für ihn sollten hybride Vorgehensweisen eher als Übergangslösung angesehen werden, Unternehmen sollten sich auf Dauer für einen der Pole - agile oder klassische Herangehensweisen - entscheiden (vgl. ebd.). Er mahnt, dass hybrides Vorgehen einen Mehraufwand bedeutet, die aktuelle Nutzung in der Praxis jedoch hoch ist, da „fast alle Unternehmen, die in Richtung agil denken, de facto hybrid anfangen" (ebd.).

Hier lässt sich somit ein gemeinsamer Nenner festhalten. Alle Experten sind sich einig, dass die Nutzung hybrider Methoden in der Praxis hoch ist. Vielfach ergibt sich dies aus den gewachsenen Strukturen in den Unternehmen und daraus, dass nicht die genaue Orientierung an theoretischen Konstrukten, sondern die praktische Umsetzbarkeit Relevanz besitzt. Kritisch sei allerdings die mögliche Entstehung eines Mehraufwandes durch die parallele Verwendung agiler und klassischer Methoden zu sehen.

Kategorie Potenziale hybrider Methoden

Weiterer gemeinsamer Argumentationspunkt der befragten Personen war der Bereich der Potenziale hybrider Methoden. Die meisten Experten waren der Meinung, dass durch die Nutzung hybrider Vorgehensmodelle die Vorteile aus agilen und klassischen Arbeitsweisen verbunden werden und sich beide Modelle somit in hybriden Methoden gut ergänzen. Die Umschreibung, dass man sich durch die Nutzung hybrider Projektmanagement-Methoden „das Beste aus allen Welten" zusammensuchen kann, wurde genannt (vgl. ebd., S. 91, 95, 100). Nuhn gibt dabei zu bedenken, dass ein Nachteil sein kann, „dass man so leicht Mischformen implementiert hat, die gar nicht auf die Werte und die Philosophie aus dem Scrum-Teil oder dem agilen Teil abzielen, und man dadurch die Effekte nicht voll ausschöpfen kann, die Erwartungshaltung aber trotzdem da ist, dass jetzt alles besser wird" (ebd., S. 91). Dies ist ein wichtiger Faktor, der auch im weiteren Verlauf dieser Arbeit noch einmal aufgegriffen wird. Thomas Greb sieht als Vorteil, dass man „für Teilbereiche von Projekten jeweils das Passende machen kann" (Sellmann 2017, Anhang B, S. 95). Er macht damit deutlich, dass hybride Methoden nicht zwangsläufig für ein gesamtes Projekt einheitlich eingesetzt werden müssen, sondern auch eine parallele Nutzung mehrerer Arbeitsweisen oder Kombination von Modellen möglich ist. Diese Erkenntnis besitzt für Unternehmen aus dem Grund Relevanz, als dass dies auch einen Einsatz hybrider Methoden für Teilaufgaben miteinschließt, was gerade zu Beginn der Nutzung dieser Vorgehensweisen oder auch bei Unsicherheit bezüglich der Anwendung Vorteile mit sich bringt. So können entsprechende Methoden erst einmal ausgetestet und deren Umsetzbarkeit und Einklang mit dem Unternehmen und dem Team ausprobiert werden. Hanser merkt zusätzlich an, dass viele Firmen nach den Ergebnissen der bereits zuvor thematisierten HELENA-Studie wie folgt mit einer hybriden Herangehensweise in Berührung kommen: „Die Leute sind dann oft von einer agilen Idee gestartet, haben aber festgesetzt, dass auch ein Qualitätsmanagement benötigt wird" (ebd., S. 101). Umgekehrt sei dies schwieriger, wenn einem klassischen Modell agile Elemente hinzugefügt werden sollen (vgl. ebd.). Alexander Volland nennt hybride Methoden einen „Sammelbegriff für fast alles, was nicht sauber abgegrenzt ist und somit für fast alles, was man im Unternehmensalltag findet" (ebd., S. 87). Auch er stimmt zu, dass hybride Arbeitsweisen das Beste aus beiden Welten verknüpfen, dass die jeweiligen Potenziale der Methoden aber nicht voll ausgenutzt werden (vgl. ebd.). Hiermit zielt er auf das gleiche Argument ab, welches auch von Herrn Nuhn genannt wurde.

Zusammenfassend sind sich die Experten insgesamt einig, dass der Hauptvorteil hybrider Methoden die Kombination aus den besten Werkzeugen und Prozessen der agilen und klassischen Modelle darstellt. Wichtig ist jedoch, dass ein gewisses Know-how bezüglich der eingesetzten Methoden existiert, damit die Potenziale ausgeschöpft werden können. Ist dies der Fall, dann kann hybrides Projektmanagement auch effizient und je nach Bedarf für Teilprojekte eingesetzt werden.

Kategorie Regulierung von Projekten

Im Rahmen der nächsten identifizierten Kategorie, der Regulierung von Projekten und deren Auswirkungen auf das Projektmanagement, lässt sich ein sehr einheitlicher Tenor bei den Meinungen der Experten festhalten. Allesamt sind sie sich einig, dass bei stark regulierten Projekten, beispielsweise auf dem Pharma-Markt oder im Banken-Bereich, auf klassisches Projektmanagement zurückgegriffen werden sollte. Herr Volland führt zusätzlich an: „Bei großen, verketteten Projekten kann eine agile Vorgehensweise ein Albtraum sein. [...] Auch, wenn eine hohe gesetzliche Reglementierung vorliegt (bspw. Medizin, Luftfahrtsektor, Finanzbereich) sind agile Methoden schwierig umzusetzen, hier liegen historisch häufig auch verkettete, voneinander abhängige Systeme vor" (Sellmann 2017, Anhang B, S. 87f). Er spricht neben der Reglementierungsthematik auch die Größe und die Abhängigkeit verschiedener Systeme an, die im weiteren Verlauf noch weiter thematisiert werden. Thomas Greb nennt als Grund für die Nutzung klassischer Projektmanagement-Methoden bei gesetzlichen Regulierungen die hohen Dokumentations- und Nachweisanforderungen, denn: „Wenn Sie die Spezifikation oder die Testreihe nicht nachweisen können, weil Sie beispielsweise die User Stories weggeworfen haben, so wird das Medikament oder das Bauteil sicherlich nicht zugelassen werden" (ebd., S. 95f). Auch Eckhart Hanser greift die bereits genannten Argumente auf. Er erläutert: „Es hängt wirklich vom Umfeld ab [...]. Man muss immer differenzieren, was am Prozess sich agil gestalten lässt und was nicht" (ebd., S. 98). Nuhn äußert sich als einziger nicht zu dieser Thematik.
Es wird deutlich, dass die Experten einer Meinung sind, wenn es um die Regulierung von Projekten geht. Bei starker gesetzlicher Regle-

mentierung im Pharma-, Luftverkehrs- oder Bankenmarkt ist die Arbeit mit agilen Projektmanagementmethoden nur schwer möglich, da hierbei umfassende Dokumentationen oft weniger relevant sind. Dies gefährdet die Zulassung eines Medikamentes, eines Systems oder eines Bauteils. Aus diesem Grund wird in dem genannten Bereich in der Regel auf klassisches Projektmanagement zurückgegriffen, da die Dokumentation und Nachweise einen hohen Stellenwert besitzen. Zusätzlich von Interesse sind auch die Größe eines Projektes und die Abhängigkeiten von Teilprojekten und Systemen. Je mehr Variablen mit einbezogen werden müssen, umso eher bieten sich klassische Arbeitsweisen an.

Kategorie Änderungsbereitschaft/ Teams/ Führungskräfte/ Unternehmenskultur

Als große und umfassende Kategorie wurde der Bereich der Mitarbeiter, Führungskräfte und der Unternehmenskultur identifiziert. Auch hier sind sich die Experten einig, dass entsprechende Strukturen in Unternehmen vorhanden sein müssen, gerade wenn neue Projektmanagement-Methoden eingeführt werden sollen. Dabei nennen die Interviewpartner unterschiedliche Aspekte dieses Themenbereiches. Herr Volland bezieht sich unter anderem auf mögliche Barrieren, die Unternehmen im Rahmen der Einführung eines neuen Vorgehensmodells berücksichtigen müssen. Vorrangig bezieht er sich hierbei auf die Relevanz der Einbindung von Supporteinheiten und Unternehmensprozessen, wie beispielsweise der Rechtsabteilung oder anderen Stabseinheiten innerhalb des Unternehmens (vgl. Sellmann 2017, Anhang B, S. 88). Volland hebt besonders hervor, dass bei unterschiedlichen Arbeitsweisen innerhalb eines Unternehmens (Teile arbeiten agil, andere nach klassischem Projektmanagement) Spannungen entstehen können und diese ausgehalten beziehungsweise gelöst werden müssen (vgl. ebd., S. 89). Weiterhin nennt er die Unternehmenskultur und das Denken der Führungskräfte innerhalb einer Organisation als wichtige Faktoren; außerdem sind die Themen Angst vor Machtverlust und organisatorische Beweglichkeit relevant (vgl. ebd., S. 89).

Durch agile Methoden ergibt sich laut Volland die Gefahr, dass einzelne Unternehmensteile nur noch für sich selbst denken und arbeiten und dadurch die unternehmerische Verantwortung gering ist - was den ursprünglichen agilen Werten widerspricht (vgl. Sellmann 2017, Anhang B). Für ihn ist neben einer generellen Änderungsbereitschaft die Unterstützung sowohl aus den einzelnen Unternehmensbereichen, aber auch von Seiten der Führungskräfte als Erfolgsfaktor zu sehen - er nennt dies „eine Machtverlagerung von top-down zu Service-Leadership, das heißt der Manager hat mehr eine unterstützende Funktion" (ebd.).

Nuhn sieht ebenfalls die Einbindung der Mitarbeiter als Aufgabe mit höchster Priorität an. Er formuliert es wie folgt: „Da muss, wie bei anderen Change-Projekten, die Masse mitgenommen werden, indem sie versteht was passiert und auch versteht, dass die Änderung wichtig ist und eine Lücke füllt. Indem sie diese mitgestaltet und die Änderung von den Mitarbeitern akzeptiert wird" (ebd., S. 92f). Dies sei besonders dann zentraler Punkt im Rahmen von Veränderungen, wenn Scrum oder hybride Arbeitswesen eingeführt werden - er nennt hierbei die gemeinsame Kommunikation und Lösungsfindung aller beteiligten Parteien, beispielsweise im Rahmen von Experten-Gruppen, als zielführend (vgl. ebd., S. 39). So können die Wünsche und Ängste der Mitarbeiter diskutiert und verschiedene Auffassungen auf einem gemeinsamen Weg zusammengefasst werden, um einen einheitlichen Standard zu erarbeiten (vgl. ebd.).

Herr Greb thematisiert in diesem Zusammenhang als kritische Stimme das Micro-Management, welches mit Vorgehensweisen wie Scrum in einer Organisation Einzug hält. Er nennt beispielsweise Scrum „ein kurzfristiges Feedbackmodell, in dem es wenig zeitlichen Spielraum für die Mitarbeiter gibt - das muss man nicht mögen" (ebd., S. 97). Greb spricht hier auf von einer Führungsdiskussion, die durch einen Wechsel hin zu agilen Methoden eingeläutet werden kann. Im Detail erläutert er: „Stellen Sie sich vor, Sie haben einen Chef, der will, dass Sie jeden Morgen berichten, was Sie gestern gemacht haben und was Sie heute vorhaben. Da würden viele Menschen sagen, das ist ja ein hochgradig kontrollfixierter Micro-Manager. Der gibt mir keinen persönlichen Spielraum. Aber mit Daily Standups passiert unter dem Namen der Agilität genau das" (Sellmann 2017, Anhang B, S. 97). Somit muss einem Unternehmen bewusst sein, dass durch den Einsatz agiler oder hybrider Methoden möglicherweise auch Mitarbeiter das Unternehmen verlassen, wenn Sie mit der geänderten Arbeitssituation und mehr Kontrolle durch die Führungskraft nicht einverstanden sind.

Hanser nennt letztlich als zwei wichtige Faktoren bei der Einführung neuer Methoden, dass einerseits das Management einbezogen werden muss, andererseits ein spezielles Coaching stattfinden sollte (vgl. ebd., S. 102). Er sagt zur Einbeziehung des Managements: „Was ich nicht mehr glaube ist, dass man aus den Entwicklern heraus neue Methoden einführen kann, wenn das Management nicht dahintersteht" (ebd. S. 102). Dies greift den zuvor genannten Punkt auf, dass das Management in der Diskussion rund um die Etablierung neuer Vorgehensweisen eine zentrale Rolle einnimmt. Coaching hält Hanser für relevant, da ein Experte von außen Wissen einbringt und so für Management und Mitarbeiter eine andere Rolle einnimmt, als dies eine interne Person tun würde (vgl. ebd., S. 102). Darüber hinaus sei ein Coach mit mehr Erfahrung bei der Einführung neuer Methoden ausgestattet, die eine interne Person in dieser Form wahrscheinlich zeitnah schwierig aufbringen könnte (vgl. ebd.). Hanser hält für erfolgsversprechend, einen mehrtägigen Workshop und ein weiterführendes Mentoring-Programm zu nutzen, um eine neue Arbeitsweise effizient aufzusetzen (vgl. ebd.). Zudem greift er auf, dass sich Firmenstrukturen durch neue Methoden ändern – laut seiner Aussage „kommt es weniger auf die Prozessfähigkeiten an, sondern mehr auf die richtigen Leute – denn ohne Sie funktioniert der Prozess nicht. Wichtig ist für Unternehmen, Veränderungen nicht einfach durchzuführen, sondern immer die Ansprechpartner und Stakeholder einzubeziehen und Teams richtig zusammenzustellen" (ebd., S. 102). Diese Ansicht, dass der Fokus besonders auf Teams und deren Zusammenstellung liegen sollte, wurde auch bereits zuvor im Rahmen der Vorstellung der von Eckhart Hanser entwickelten MAP-Methode erläutert.

Zusammenfassend lässt sich festhalten, dass alle Experten sich einig sind, dass die Einführung agiler oder hybrider Projektmanagementmethoden einen Einfluss auf Mitarbeiter, Führungskräfte und die gesamte Organisation hat. Hierbei wurde thematisiert, dass einerseits Mitarbeiter und Führungskräfte von Beginn an kommunikativ eingebunden werden, andererseits auch ein Verständnis füreinander entstehen muss und Möglichkeiten zum Dialog und zur Gestaltung der Veränderung dargeboten werden. Vor allem das Führungsverständnis und die damit einhergehende potenzielle Veränderung des Führungsverständnisses sind Faktoren, die ein Unternehmen bei einem Wandel der Projektmanagement-Methode einkalkulieren muss. Dass sich durch die Veränderung der Arbeitsweise die Unternehmenskultur ändert, beziehungsweise ändern kann, liegt dabei auf der Hand. Dass sich auch Barrieren ergeben können, muss einem Unternehmen bewusst sein - vor allem, dass im schlimmsten Fall High Potentials verloren gehen können.

Kategorie Auswahl der Projektmanagement-Methode

Als siebte Kategorie wurde die Auswahl der Projektmanagement-Methode identifiziert. Die Experten wurden befragt, ob es aus Ihrer Sicht Empfehlungen zu Arbeitsweisen gibt, die sich für bestimmte Branchen oder Projekte besonders gut nutzen lassen. Auch hier ließ sich ein einheitliches Bild festhalten, da die Quintessenz aller Aussagen war, dass die Auswahl der Methode immer abhängig vom jeweiligen Projekt ist. Im Detail bedeutet dies für Herrn Volland: „Je kleiner ein Unternehmen und das Projekt, desto leichter ist eine agile Herangehensweise. Denn agil setzt auf Kommunikation, und in einem Großprojekt will ich nicht, dass jeder mit jedem spricht, das ist auch gar nicht notwendig" (Sellmann 2017, Anhang B, S. 87). Zusätzlich führt er an, dass für ihn die Entscheidung auch vom Aufbau des Projektes abhängig ist; so sei es bei verketteten Systemen, zu denen viele Subsysteme und Stakeholder gehören, häufig einfacher mit klassischen Methoden zu arbeiten – bei disjunkten IT-Produkten sei auch ein Rückgriff auf agile Methoden denkbar (vgl. Sellmann 2017, Anhang B, S. 87). Sein Fazit lautet: „Am Ende ist es immer ein wenig eine Einzelfallentscheidung" (ebd., S. 88). Helge Nuhn beginnt seine Ausführungen zu diesem Thema bereits mit der Aussage: „Zuerst würde ich sagen es ist projektabhängig. Weil man auf Basis des Projektes leicht entscheiden kann" (ebd., S. 92). Er fügt hinzu, dass Projekte je nach Branche unterschiedlich geartet sein können, dass dies aber nicht zwangsläufig über die Auswahl der passenden Projektmanagement-Methode entscheide. „Ich habe Scrum allerdings auch in Projekten eingesetzt, die nichts mit Forschung und Entwicklung zu tun gehabt haben, sondern wo es viel um die Entwicklung von Konzepten oder Berichten ging. So etwas gibt es in jeder Branche, dann halt in den jeweiligen Funktionen" (ebd.), so Nuhn.

Thomas Greb beginnt seine Erläuterungen damit, dass er den Wettbewerb als entscheidenden Faktor mit einbezieht, wenn die Auswahl einer Methode aussteht. Er spezifiziert: „Wenn Sie ein Unternehmen haben, das mit kurzfristigen Wegwerfprodukten arbeitet oder Dingen, die man wegwerfen und neu bauen kann, wo der Marktdruck also hoch ist, schnell neue Features zu liefern, dann eignet sich agil gut. Klassisch ist gut, wenn es eine stabile Umgebung mit bekannten Anforderungen gibt oder die angesprochenen gesetzlichen Aspekte zu betrachten sind" (ebd., S. 96). Zusätzlich legt er dar, dass bei kleinteiligen Projekten, die sich auf wenige Köpfe aufteilen lassen, agile Vorgehensweisen eine gute Methodik darstellen, bei Großprojekten sei dies schwierig (vgl. ebd.). Hybrid eignet sich nach Aussage von Herrn Greb dadurch, „dass man beliebig skalieren und kombinieren kann, wahrscheinlich für alle Graubereiche gut" (ebd.). Eckhart Hanser ist der Meinung, dass man von einigen Jahren noch klare Standpunkte vertreten konnte, welche Methode sich für welche Branche eignet und welche nicht (vgl. ebd., S. 101f). Er teilt die Auffassung, dass ein Wandel in die Richtung stattfindet, dass die Auswahl der Arbeitsweise abhängig vom Projekt ist, wobei es jedoch klare Tendenzen gibt: „Im Bereich Pharma, Militär, bei Banken, haben wir ein sehr reguliertes Umfeld, indem wir mit hybriden und agilen Methoden Probleme haben. In der Zwischenzeit merke ich aber, dass auch aus diesen Branchen die Anfragen kommen. Ich glaube einfach nicht mehr, dass man diese Beschränkungen aufrechterhalten kann" (Sellmann 2017, Anhang B, S. 101). Er wirft die Annahme ein, dass Unternehmen in den zuvor angesprochenen Branchen intern für Teilprojekte agil arbeiten, aber trotzdem den entsprechenden Behörden und Kontrollinstanzen die geforderten Dokumentationen und einzuhaltende Prozessschritte liefern - hierdurch ergibt sich dann ein hybrider Ansatz (vgl. ebd.). Er hält aber auch fest, dass eine rein agile Methodik für derartige Unternehmen und Branchen auch zukünftig eher nicht denkbar ist (vgl. ebd., S. 102).

Als Ergebnis lässt sich festhalten, dass alle Experten die Wahl einer Projektmanagement-Methode nicht von der Branche abhängig machen. Vielmehr ist hier projektspezifisch zu entscheiden und die Rahmenbedingungen sind zu prüfen. Unternehmen müssen identifizieren, wie kleinteilig das Projekt aufzuteilen ist, welche Größe das Projekt insgesamt besitzt, und wie verkettet die betroffenen Systeme sind. Wie bereits zuvor thematisiert muss auch überprüft werden, welche regulatorischen Vorgaben existieren. Bei starker Regulierung ist ein agiles Projektmanagement weniger interessant, da es nicht umsetzbar ist. Möglicherweise kann jedoch auf hybride Methoden zurückgegriffen werden, bei denen sowohl agile Elemente einfließen, aber auch externe Vorgaben eingehalten werde können.

Kategorie Relevanz von Know-how

Als letzte Kategorie wurde der Bereich „Relevanz von Know-how" erarbeitet. Innerhalb dieser Kategorie wurden die Aussagen der Experten gebündelt, die vorrangig sich mit den Fähigkeiten und dem Wissen von Projektmanagern befassen. Alexander Volland beschreibt die Thematik wie folgt: „Ich glaube, die Herausforderung für viele Projektleiter ist nicht, dass sie alle Methoden kennen, sondern dass sie aus dem Gesamtbaukasten die richtige Methode zum richtigen Zeitpunkt auswählen, denn das ist schwierig“ (Sellmann 2017, Anhang B, S. 87). Nuhn äußert sich ebenfalls hierzu: „Aber, wenn das Team selbst weiß, was es für Methodik-Teile zur Verfügung hat und diese dann effizient einsetzt und dabei nichts vergisst, dann ist natürlich der Vorteil maximal“ (ebd., S. 92). Thomas Greb greift das Thema auf, als über die Vor- und Nachteile hybrider Methoden gesprochen wurde: „Der Nachteil ist, dass man eine Kombination erzeugen muss, die zusammen gut funktioniert. Und dafür benötigt man relativ tiefgehendes Projektmanagement-Know-how, sowohl in agilen als auch in klassischen Methoden. Man muss den Sinn der Methodik und die Grenzen verstanden haben. Die Anforderungen an die Projektmanager sind also hoch“ (ebd., S. 95). Auch Herr Hanser äußert sich zu der Thematik: „Wichtig ist aber, dass man einen bereiten Erfahrungsschatz im Bereich der Projektmanagement-Methoden hat“ (ebd., S. 100).

Zusammenfassend bedeutet dies, dass Projektmanager ein breites Know-how auf dem Bereich der diversen Methoden und Arbeitsweisen mitbringen müssen, um ein effizientes Projektmanagement aufsetzen zu können. Vor allem für die Nutzung agiler Vorgehensweisen ist ein umfassendes Wissen relevant, um die Vorteile aus agilen und klassischen Elementen nutzen und maximieren zu können. Hier zeigt sich ein Entwicklungsfeld sowohl für Projektmanager, aber auch für Unternehmen, welches genutzt werden kann um das eigene Projektmanagement zu gestalten.

Zusammenfassung der Ergebnisse aus den Interviews

Mit Hilfe der Analyse der Interviews wurden acht Kategorien identifiziert, die die Hauptaussagen der Interviewpartner zusammenfassen. Eine Übersicht der Ergebnisse findet sich als Matrix-Tabelle im Anhang C in Tabelle 9 am Ende dieser Arbeit. Mit Ausnahme der Kategorie „Regulierung von Projekten", die von Herrn Nuhn nicht aufgegriffen wurde, wurden alle Kategorien von allen Interviewpartnern thematisiert. Dies zeigt, dass die entsprechenden Themenbereiche für die Experten besondere Relevanz besitzen und aus diesem Grund in die Arbeit einfließen. Von Wichtigkeit ist für die Experten, dass agile Methoden besonders gut geeignet sind, wenn ein klares Ziel gefordert, die genauen Anforderungen aber noch nicht bekannt sind. Hierbei sind die Adaptivität und der verhältnismäßig einfache Umgang mit einer hohen Change-Frequenz seitens des Leistungsbeziehers als Erfolgsfaktoren zu nennen. Zweiter wichtiger Punkt ist die Planbarkeit klassischer Methoden. Hierbei driften die Meinungen auseinander, die Experten sind sich nicht absolut einig, ob klassische Vorgehensweisen tatsächlich besser zu planen sind oder ob es sich schlicht um Pseudo-Planbarkeit handelt.

Weiterhin interessant sind die aktuelle Nutzung und das zukünftige Potenzial hybrider Methoden. Einstimmig geben die Experten an, dass die Anwendung hybrider Arbeitsweisen im Unternehmensumfeld steigt. Unklar ist aber, ob sich hierdurch eventuell ein Mehraufwand ergibt. Bezüglich der Potenziale gemischter Methoden denken drei der vier Befragten, dass man das Beste aus beiden Welten, klassischen und agilen Modellen, nutzt und hierdurch der Vorteil maximal ist. Es kommen allerdings auch Stimmen zu Wort die mahnen, dass Potenziale der jeweiligen Methoden durch eine Verschmelzung nicht voll ausgeschöpft werden können. Auch die Regulierung von Projekten ist ein großes Thema, bei dem sich die Interviewpartner einig sind, dass bei starker Regulierung auf klassisches Projektmanagement zurückgegriffen werden muss, da agile Methoden die Anforderungen aufgrund anderer Werte schlichtweg nicht immer erfüllen können. Hier bietet in der Regel nur klassisches Projektmanagement die notwendige Dokumentation der Arbeits- und Prozessschritte.

Zusätzlich müssen bei der Betrachtung von Projektmanagement-Methoden aber auch die Teams, die diese anwenden, sowie deren Führungskräfte und die gesamte Organisation mit ihrer spezifischen Unternehmenskultur betrachtet werden. Denn ein effektiver Wandel hin zu einer neuen Projektmanagement-Methode, vor allem von klassischen zu agilen oder hybriden Vorgehensweisen, erfordert das Commitment aller beteiligten Personen. Dass durch agile Methoden auch ein geändertes Führungsverhalten entstehen kann, muss jedoch unbedingt berücksichtigt werden, da hierdurch die Unternehmenskultur verändert und die Stimmung unter den Mitarbeitern tangiert werden kann.

Die Interviewpartner sind sich einig, dass die Auswahl der passenden Projektmanagement-Methode heutzutage nicht mehr abhängig von der jeweiligen Branche ist, sondern dass die Projekterfordernisse überprüft und auf Basis des Ergebnisses eine Entscheidung getroffen werden sollte. Die Tendenz geht dabei möglicherweise zukünftig auch in stark regulierten Bereichen hin zu einer Mischung aus agilen und klassischen Elementen, je nach Projektbedarf und –Eigenschaften. Zuletzt ist auch das spezifische Know-how der Projektmanager zu betrachten, welches einen signifikanten Beitrag zum Erfolg oder Misserfolg des jeweiligen Projektes beiträgt. Nur wenn der Projektmanager über umfassendes Know-how aus den genutzten Bereichen verfügt und entsprechende Erfahrung in der Anwendung der Methodik mitbringt, ist eine effiziente Nutzung möglich.

Erarbeitung des praktischen Instrumentes zur Auswahl von Projektmanagement-Methoden

Im nachfolgenden Teil der Arbeit sollen die Ergebnisse aus der Literaturrecherche sowie die Ergebnisse aus den Experteninterviews verwendet werden, um ein praktisches Instrument zu erarbeiten, welches für Unternehmen als Leitfaden dienen kann, eine Entscheidung in Bezug auf die Auswahl passender Projektmanagementmethoden zu treffen. Dieses Instrument vereint die Ergebnisse der Arbeit und erleichtert die Entscheidung, da es die unübersichtliche Literatur zusammenfasst und durch die Interviews Expertenmeinungen mit einfließen lässt. Unternehmen ersparen sich im Alltag wertvolle Zeit und finanzielle Ressourcen. Die Idee der Verfasserin ist, dass das nachfolgend vorgestellte Tool Unternehmen als erste Hilfestellung dienen kann, wenn umfassendes Know-how oder Erfahrungen fehlen. Wichtig ist, dass dieses Instrument nicht alle spezifischen Eigenschaften und Anforderungen eines jeden Unternehmens vereinen kann, weshalb es nur als grobe Orientierung dienen soll. Eine detailliertere Analyse der optimalen Methode und die Einbeziehung der Unternehmensspezifika mag somit notwendig sein.

Für die Kategorisierung eines Projektes schlagen Hemmerich, Harrant und Kamiske die folgenden Kriterien vor: „unternehmerische Bedeutung, Anzahl der Stakeholder, Projektdauer, Projektbudget, beteiligte Abteilungen/Unterauftragnehmer und Risikoeinstufung (vgl. Hemmerich/Harrant/Kamiske 2016, S. 5). Kuster et al. unterscheiden Projektarten nach geschlossener, also bekannter Aufgabenstellung oder offener Aufgabenstellung mit vielen Freiräumen (vgl. Kuster et al. 2011, S. 5). Sie differenzieren zwischen Projekten mit hoher sozialer Komplexität, also interdisziplinärer Zusammenarbeit an einem heiklen Thema oder geringer sozialer Komplexität, also unproblematischer Zusammenarbeit (vgl. ebd.). Es ergeben sich verschiedene Projektarten: Bei geschlossener Aufgabenstellung und niedriger sozialer Komplexität wird von Standardprojekten gesprochen, die einfach und standardisiert abgewickelt werden können, da ausreichend Erfahrung vorhanden ist (vgl. ebd., S. 7). Bei geschlossener Aufgabenstellung und großer sozialer Komplexität wird von Akzeptanzprojekten gesprochen, die aufgrund der klaren Aufgabenstellung teilweise mit standardisierten Vorgehen bearbeitet werden können. Da sie jedoch häufig mit Akzeptanzproblemen behaftet sind, spielen Kommunikation und Information eine große Rolle (vgl. ebd.). Wenn eine offene Aufgabenstellung und geringe soziale Komplexität vorliegen, werden diese Projekte Potenzialprojekte genannt, die wenig risikoreich sind, deren Fragestellung aber noch unklar ist (vgl. ebd., S. 5). Zuletzt gibt es die Situation offener Aufgabenstellung und hoher sozialer Komplexität, die mit dem Namen Pionierprojekte versehen wird und deren Aufgabenstellung und -umfang schwer abzuschätzen sind (vgl. ebd.).

Rietz und Steinhoff schlagen eine Kategorisierung von Projekten nach den folgenden Kriterien vor: Projektgröße, Projektcharakter, Projektinhalt, Art der Aufgabenstellung und Herkunft des Auftraggebers (Intern oder extern) (vgl. Rietz/Steinhoff 2016, S. 27). Die Einteilung der Projektarten ist bei den Autoren ähnlich gestaltet wie bei Kuster et al. Boehm und Turner machen die Auswahl der passenden Projektmanagement-Methode von verschiedenen Faktoren abhängig: Bei einem hohen Gefährdungsgrad, größeren Teams und stabilen Anforderungen sollte auf traditionelles oder klassisches Projektmanagement zurückgegriffen werden, bei hohem Qualifikationsgrad, volatilen Anforderungen, geringem Gefährdungsgrad und kleinen Teams sollten agile Methoden verwendet werden (vgl. Timinger/Seel 2016, S. 56).

Die Verfasserin hat sich für eine Kombination aus den bereits genannten Kriterien und weiteren Faktoren entschieden. Das Instrument wurde in Anlehnung an Schneegans entwickelt, der ein ähnliches Vorgehen für die Auswahl von Methoden entwickelt hat, sich dabei jedoch nur auf klassische und agile Methoden beschränkt.[11] Im Rahmen der Auswahl der Vorgehensweise sollen die folgenden Kriterien hinzugezogen werden, die jeweils mit den Gedanken der Verfasserin zu der jeweiligen Thematik versehen sind:

- Projektart / -typ (Handelt es sich um ein Entwicklungsprojekt oder ein Routineprojekt? Gibt es möglicherweise Akzeptanzprobleme?)
- Ziele und Anforderungen (Sind das Ziel und die Anforderungen eher unscharf oder klar abzugrenzen?)

11 Vgl. Schneegans 2012: „Klassisches" versus agiles IT-Projektmanagement. Die Wahl der richtigen Vorgehensweise. Amendos Whitepaper, Hamburg.

- Initiator / Auftraggeber (Ist der Auftraggeber intern oder extern? Kann der Initiator während des Projektes wechseln oder bleibt er gleich?)
- Zusammensetzung / Charakter des Teams (Handelt es sich um ein eingespieltes oder neu zusammengesetztes Team? Kann das Team eigenständig arbeiten oder ist viel Kontrolle und Anleitung notwendig? Wie groß ist das Team? Welches Know-how ist im Team vorhanden?)
- Stakeholder (Sind Stakeholder involviert? Wenn ja, welchen Einfluss haben Sie auf das Projekt?)
- Anforderungen an Dokumentation (Gibt es rechtliche oder anderweitige Anforderungen an die Dokumentation? Wie wichtig ist die Dokumentation für zukünftige Projekte oder die Veröffentlichung des Projektes?)

Zusätzlich stellt das Risiko, welches durch die Wahl einer falschen Projektmanagementmethode eintreten kann, einen wichtigen Aspekt dar. Um die vorliegenden Kriterien gewichten zu können, soll innerhalb des erarbeiteten Instruments die Wahrscheinlichkeit des Risikoeintritts für die jeweiligen Kriterien mit einer von fünf Stufen bewertet und mit einer entsprechenden Wertung versehen werden:

Sehr gering (1) - Gering (2) - Mittel (3) - Hoch (4) - Sehr hoch (5)

Es ist dann möglich, die einzelnen Kriterien für das jeweilige Projekt zu gewichten. Als Beispiel kann ein Rollout eines Standard-CRMs bei einem Kunden, welches von einem Unternehmen schon häufig implementiert wurde, mit einem Risikowert von 1 bei Nutzung klassischer Methoden in Bezug auf den Projekttyp eingeordnet werden (vgl. Schneegans 2012, S. 6). Die Software ist bekannt und das Projekt wurde in ähnlicher Form schon häufig durchgeführt, sodass wenig überraschende Wendungen zu erwarten sind. Wenn eine agile Methodik verwendet wird, ist innerhalb des gleichen Projektes in Bezug auf das Team allerdings ein Risikowert von 4 oder 5 anzusetzen, da spezifisches Know-how der Plattform notwendig ist und das Team in Regel eher größer sein wird (vgl. ebd., S. 6). So kann für jedes Projekt mit

Hilfe einer Matrix übersichtlich erarbeitet werden, wie eine agile und klassische Vorgehensweise jeweils aus Risikosicht für die verschiedenen Kriterien zu bewerten ist. Es ergibt sich dann ein Risikowert für die Nutzung klassischer und ein zweiter Risikowert für die Nutzung agiler Methoden, von denen der kleinere Wert die Methode mit weniger Risiko darstellt.

Zusätzlich sollte mit einbezogen werden, in welchem Ausmaß ein Risiko das Unternehmen trifft. Hier kann anhand von drei Stufen das Ausmaß bewertet werden:

Gering (1) - Mittelschwer (2) - Schwer (3)

So liegen zwei Kennzahlen vor, die für die Nutzung der jeweiligen Methode einem Kriterium einen Wert zuordnen. Beide Kennzahlen können nun kombiniert den Risikowert für das Kriterium in einem klassisch geführten Projekt und einem agilen Projekt darstellen. Die einzelnen Kriterien und ihre Unterkriterien können dabei vorab untereinander gewichtet werden:

Kriterium	Gewichtung insg.	Unterkriterium	Gewichtung
Projektart / -typ	15%		
		Projektart / -typ	100%
Ziele / Anforderungen	20%		100%
		Ziele	50%
		Art der Anforderungen	50%
Initiator / Auftraggeber	20%		100%
		Intern / extern	10%
		Zielvorgabe	50%
		Innovationswille	20%
		Erwartungen	10%
		Konstanz	10%
Teamcharakteristika	20%		100%
		Größe	20%
		Führung / Eigenständigkeit	50%
		Know-how	20%
		Staffing	10%
Stakeholder	15%		100%
		Anzahl	25%
		Einfluss	25%
		Erwartungen an Projekt	25%
		Abstimmungsaufwand	25%
Dokumentation	10%		100%
		Rechtl. Anforderungen	50%
		Relevanz für Folgeprojekte	50%
Ergebnis	100%		

Tabelle 4: Gewichtung der Auswahlkriterien. Quelle: Eigene Darstellung.

Dabei ist festzuhalten, dass die Gewichtung und die Kriterien natürlich anders gestaltet und die Kriterien erweitert werden können. Nach Ansicht der Verfasserin sollte bestenfalls innerhalb des Unternehmens ein Konsens über die Kriterien und deren Gewichtung herrschen, um nicht zu viele frei wählbare Variablen in das Instrument einfließen zu lassen.

Ausgehend von obenstehender Gewichtung kann nun ein beispielhaftes Projekt daraufhin geprüft werden, ob es unter Hinzuziehung agiler oder klassischer Projektmanagement-Methoden durchzuführen ist. Die Verfasserin hat sich als Beispielprojekt für eine Neuentwicklung eines Risikomanagementsystems für einen Automobilhersteller entschieden. Hier treffen sowohl Innovationsdruck als auch strikte Anforderungen in gewissen Bereichen aufeinander, die es in Einklang zu bringen gilt. Daher ist dieses Projekt nicht direkt einer Methodik zuzuordnen und bietet sowohl auf Seiten der agilen, aber auch im Bereich der klassischen Methoden Vor- und Nachteile. Zu beachten ist, dass die nachfolgende Projektbeschreibung frei von der Verfasserin erdacht ist, und diese im Rahmen eines „echten" Projektes durch den Projektleiter und den Auftraggeber bestimmt werden muss, um eine repräsentative Bewertung zu ermöglichen. Gerade die Projektbeschreibung kann in großem Maße dazu beitragen, wie das Projekt innerhalb der Matrix bewertet wird. Daher sollte diese nach bestem Wissen und Gewissen und klar nachvollziehbar erarbeitet werden. Eine Bewertung des genannten Beispielprojektes auf Basis der erarbeiteten Matrix könnte wie folgt aussehen:

					Klassische Methodik				Agile Methodik				
Kriterium	Gewicht insg.	Unterkriterium	Gewicht	Projektbeschreibung	Wahrsch. Risikoeintritt	Ausmaß Risiko	Risikowert (Wahrsch. x Risiko)	Gewichteter Risikowert	Wahrsch. Risikoeintritt	Ausmaß Risiko	Risikowert (Wahrsch. x Risiko)	Gewichteter Risikowert	Delta (positiv: agil, negativ: klassisch)
Projektart / -typ	15%							9				3	6
		Projektart / -typ	100%	Produktinnovation in neuem Markt	3	3	9	9	1	3	3	3	
Ziele / Anforderungen	20%		100%					7,5				4,5	3
		Ziele	50%	relativ klar formuliert	2	3	5	2,5	2	3	5	2,5	
		Art der Anforderungen	50%	unklar, diffus	5	2	10	5	2	2	4	2	
Initiator / Auftraggeber	20%		100%					7,3				4,4	2,9
		Intern / extern	10%	extern	2	2	4	0,4	2	2	4	0,4	
		Zielvorgabe	50%	relativ klare Vorgabe	3	3	9	4,5	2	3	5	2,5	
		Innovations-wille	20%	beschränkt, aber notwendig, indifferent	3	1	3	0,6	2	1	2	0,4	
		Erwartungen	10%	schnelles, performantes, sicheres System	4	2	8	0,8	3	2	6	0,6	
		Konstanz	10%	unsicher	5	2	10	1	2	2	4	0,5	
Team	20%		100%					5,9				7,1	-1,2
		Größe	20%	mittlere Teamgröße	1	2	2	0,4	2	2	4	0,8	
		Führung / Eigenständig-keit	50%	Führung und Selbstorganisation benötigt	3	3	9	4,5	3	3	9	4,5	
		Know-How	20%	eher in Bezug auf die Plattform notwendig	2	2	4	0,8	4	2	8	1,6	
		Staffing	10%	MA freigestellt für das Projekt	1	2	2	0,2	1	2	2	0,2	
Stakeholder	15%		100%					7,25				4,25	3
		Anzahl	25%	wenige	1	3	3	0,75	1	3	3	0,75	
		Einfluss	25%	sehr hoch	4	3	12	3	2	3	6	1,5	
		Erwartungen an Projekt	25%	sehr hoch	3	2	6	1,5	2	2	4	1	
		Abstimmungs-aufwand	25%	hoch	4	2	8	2	2	2	4	1	
Dokumentation	10%		100%					3,5				10	-6,5
		Rechtl. Anforderungen	50%	keine, aber hohe interne Anforderungen	1	3	3	1,5	4	3	12	6	
		Relevanz für Folgeprojekte	50%	gegeben	2	2	4	2	4	2	8	4	
Ergebnis	100%												
Auswertung								6,7				5,5	1,2

Tabelle 5: Gewichtete Auswahl der Projektmanagement-Methode. Quelle: Eigene Darstellung, In Anlehnung an Schneegans 2012, S. 7.

Die Auswertung zeigt, dass eine agile Methodik in diesem Falle zu favorisieren ist. Insgesamt wird eine agile Vorgehensweise mit einem Risikowert von 5,5 bewertet, klassisches Vorgehen mit einem Wert von 6,7. Der niedrigere Risikowert entsteht durch die Vorteile agiler Techniken, die im Rahmen dieses Projektes zum Tragen kommen. Vor allem durch die Projektart, die Ziele und die Spezifika des Auftraggebers bieten sich agile Projektmanagement-Methoden an, da diese für unklare Anforderungen und wechselnde Auftraggeber sowie hohe Erwartungen an ein schnell funktionierendes System gut ausgelegt sind. Da auch die Stakeholder, deren Einfluss und der damit zusammenhängende Abstimmungsaufwand von der Verfasserin als hoch eingestuft wurden, bietet sich der Rückgriff auf agile Methoden an. Probleme könnten sich hier allerdings im Bereich des Teams ergeben, da eine mittlere Teamgröße zu erwarten ist, bei der Spezialwissen in Bezug auf die zu verwendende Plattform benötigt wird. Ein interdisziplinäres Wissen ist sonst eher nicht zu erwarten, da dieses für das vorliegende Projekt nicht als kritisch zu werten ist. Die Charakteristika agiler Teams werden somit nicht direkt angesprochen, wodurch es zu Problemen kommen kann. Weiterhin ist im Rahmen dieses Projektes eine Dokumentation unerlässlich, weshalb eine klassische Methodik passender erscheint.

Traditionelle Methoden stoßen in anderen Bereichen innerhalb dieses Beispielprojektes an ihre Grenzen, unter anderem bereits in Bezug auf die Projektart. Da es sich um eine teilweise Produktinnovation handelt, ist eine klassische Vorgehensweise eher abzulehnen. Unklare Anforderungen und ein möglicher Wechsel des Auftraggebers sprechen ebenfalls nicht für klassische Methoden, da hiermit eine große Zahl an möglichen Änderungen einhergeht, auf die diese Vorgehensmodelle nicht ausgelegt sind. Hierzu zählen auch die Stakeholder und deren Einfluss, der Änderungen oder Anpassungen mit sich bringen kann. Vorteile bietet die klassische Methodik wie bereits thematisiert im Bereich des Teams, da ein sehr heterogenes und auch mittelgroßes Team gut koordiniert werden kann. Auch die benötigte Dokumentation ist als unkritisch einzustufen, da klassische Methoden viel Wert auf diesen Bereich legen. So können auch mögliche Folgeprojekte auf Basis der Dokumentation gut durchgeführt werden. Insgesamt zeigt sich, dass eine agile Methodik in vielen Bereichen für dieses Projekt sinnvoller ist, wobei auch klassische Charakteristika Vorteile mit sich bringen.

Aufgrund der nahe beieinanderliegenden Werte bietet sich in diesem Beispiel auch eine hybride Vorgehensweise an. Je weiter die Werte sich auseinander bewegen, umso deutlicher ist die Tendenz hin zu der jeweiligen Methode. Im vorliegenden Fall könnte im Bereich der Dokumentation, der ein großes Gefährdungspotenzial darstellt, auf Praktiken aus dem klassischen Projektmanagement zurückgegriffen werden. Weiterhin sollte im Bereich des Know-hows und der Teamgröße von den typischen agilen Vorgehensweisen abgewichen werden, da eine mittelgroße Teamgröße zu erwarten ist und die Teammitglieder hauptsächlich Wissen in der Nutzung der Plattform mitbringen müssen.

Grenzen des erarbeiteten Instrumentes und Empfehlungen zur Umsetzung

Das erarbeitete Instrument bietet eine solide Grundlage, um eine Entscheidung hinsichtlich der Auswahl der passenden Projektmanagement-Methode zu treffen. Vorteile bietet es dadurch, dass die einzelnen Faktoren beliebig erweiterbar und mit so vielen Unterkategorien zu versehen sind, wie sie für das jeweilige Projekt sinnvoll erscheinen. Hierdurch ist eine variable Anpassung an die jeweiligen Projektgegebenheiten möglich und das Instrument ist nahezu grenzenlos anwendbar. Auch die Kennzahlen können beliebig angepasst werden – so können weitere Abstufungen für das Risiko und das Ausmaß des Schadens bei Risikoeintritt gewählt werden. Problematisch an der gewählten Methodik ist eine subjektive Einschätzung der verschiedenen Faktoren. Ein Projektleiter kann die Auswertung prinzipiell so gestalten, dass diese zu dem von ihm gewünschten Ergebnis führt. Hier wäre eine parallele Bewertung durch verschiedene Projektmanager möglicherweise sinnvoll, um ein neutraleres Ergebnis zu erreichen. Weiterhin kann es zu Problemen kommen, wenn bei der Bewertung immer nach dem Mittelmaß bewertet wird und Ausschläge zu den Seiten vermieden werden; denn so kann kein repräsentatives Ergebnis entstehen. Die Bewertung muss mit einer gewissen Ehrlichkeit und auch etwas Mut geschehen, damit die Quintessenz nicht bei jedem Projekt gleich ist.

Zusätzlich sollte festgelegt werden, ab welchem Wert von einer klaren Tendenz hin zu einer Methode gesprochen werden kann und ab wann nahe beieinanderliegende Werte für eine hybride Methode sprechen. Eine klare Definition dieser Grenzen kann die Auswertung unterstützen und die Interpretation der Ergebnisse vereinfachen. Außerdem könnten extreme Ausreißer hin zu einer Methodik als ungültig gewertet werden. In Bezug auf diese Faktoren ist eine Weiterentwicklung des Instrumentes sinnvoll. Darüber hinaus kann das Instrument weiter ausgebaut werden, indem zusätzliche Expertenmeinungen mit einfließen und Praxistests durchgeführt werden, um die Anwendung im Unternehmensalltag zu überprüfen und gegebenenfalls weitere Faktoren einbinden zu können.

Wichtig ist zudem, dass die spezifischen Erfolgsfaktoren eines jeden Vorgehensmodells sichergestellt und genutzt werden, wofür die Zielorientierung ebenso wie die Führung des Teams, die Unternehmenskultur, die Einbindung der Mitarbeiter und die Anpassung von Prozessen wichtig ist (vgl. Aldushyna/Engslter 2015, S. 48f). Bei hybriden Vorgehen müssen so sinnvolle Kombinationsmuster identifiziert werden, wobei die Komplexität der Anforderungen aber auch das Einsatzgebiet des Modells in die Analyse mit einbezogen werden müssen (vgl. Aldushyna/Engslter 2015, S. 48). Weiterhin müssen klare Rollenkonzepte und Verantwortungen sowie Tätigkeiten definiert werden, um den Mitarbeitern Sicherheit und Klarheit zu vermitteln, ebenso wie ein flexibleres Unternehmens- und Projektmanagement, das eine Unterstützung verschiedener Projektarten ermöglicht (vgl. ebd., S.

48f). Zusätzlich gilt es, die Mitarbeiter einzubinden und deren Akzeptanz zu erlangen, um Unsicherheiten und Unzufriedenheit vorzubeugen und die Kommunikation transparent zu gestalten (vgl. Aldushyna/Engslter 2015, S. 49). In Bezug auf das Thema Prozesse sollte die Gesamtprojektsteuerung entsprechend der genutzten Methoden angepasst werden, ein kontinuierlicher Verbesserungsprozess muss vor allem für klassische Vorgehen eingeführt werden, die Synchronisation und Kommunikation von Teilprojekten muss gerade bei hybriden Vorgehen angepasst werden (vgl. ebd.). Es gilt also einige Punkte zu beachten, wenn eine Projektmanagement-Methode erfolgreich umgesetzt oder eine neue Methodik eingeführt werden soll. Eben diese Offenheit für Veränderungen und Anpassungen gilt auch bei der Nutzung des erarbeiteten Instrumentes, wenn dieses effizient eingesetzt werden soll.

Fazit und Ausblick

„There is no single development, in either technology or management technique, which by itself promises even one order-of-magnitude improvement within a decade in productivity, in reliability, in simplicity" (Brooks 1986).

Brook's Zitat aus dem Artikel „No Silver Bullet" fast passend zusammen, was auch für diese Arbeit gilt: Nur, weil eine bestimmte Projektmanagement-Methode genutzt wird, verändert sich nicht direkt das komplette Unternehmen. Vielmehr stecken harte Arbeit und auch Geduld dahinter, bis eine Methode von den Mitarbeitern angenommen wird und zur Unternehmenskultur und -philosophie passt. Dies gilt es abschließend festzuhalten, damit kein falscher Eindruck entsteht – selbst wenn eine Methode augenscheinlich besser zum eigenen Unternehmen passt, so wird diese nicht von heute auf morgen alles verändern, was gewesen ist. Die Erwartungshaltung, dass beispielsweise durch hybride Methoden automatisch alles wird besser wird, ohne dass auf wichtige Bestandteile von agilen und klassischen Denkweisen eingegangen wird, und dadurch wird doch nicht alles besser – kann häufig beobachtet werden (vgl. Sellmann 2017, Anhang B, S. 91).

Weiteres Ergebnis dieser Arbeit ist, dass agile Methoden nicht überbewertet werden dürfen. Viele hochgelobte Vorteile der Philosophie sind wirkliche Vorteile gegenüber klassischen Methoden. Aber: Früher war nicht alles schlecht, und agile Methoden lassen bewährte Arbeitsschritte und Methoden außer Acht, wie beispielsweise das Nachdenken über ein Problem, bevor mit der Programmierung begonnen wird, und das Erstellen einer Grobplanung (vgl. Meyer 2014, S. 149). Darüber hinaus werden klassische Führungsaufgaben und die Dokumentation abgelehnt, was nicht unbedingt zu einem effektiveren Projekt beitragen muss (vgl. ebd., S. 150f). Auch agile Methoden bringen Schwächen mit sich, die eine umfassende Betrachtung der Ansätze und auch ein gewisses Know-how erfordern.

Im Unternehmensalltag muss vor allem über die spezifische Projektart kategorisiert werden, welche Methoden sich anbieten (Patzak/Rattay 2014, S. 22). Diese definiert als Basis, welche Methoden gut oder möglicherweise auch gar nicht zum vorliegenden Vorhaben passen. Daher wurde die Projektart auch als Faktor für die Auswahl der Projektmanagement-Methode im Rahmen des erarbeiteten Instruments der Verfasserin genutzt. Weiterhin sind das Team, die Stakeholder und natürlich auch der Auftraggeber eines Projektes relevante soziale Faktoren, die den Projekterfolg beeinflussen. Hier sind die jeweils spezifischen Charakteristika der unterschiedlichen Methoden zu beleuchten und mit dem Projekt in Einklang zu bringen.

Für effizientes Projektmanagement spielt auch das Know-how der Projektmanager eine zentrale Rolle, da diese situativ und projektartenspezifisch entscheiden müssen, welche Methodik oder welche Kombination aus Vorgehensmodellen für die vorliegenden Aufgabenstellungen gewählt werden sollte. Dies fließt ebenfalls in das erarbeitete Instrument mit ein. Am Ende des Tages muss das gesamte Projektmanagement-System eines Unternehmens optimal auf die enthaltenen strategischen, strukturellen, technischen und kulturellen Komponenten abgestimmt sein (vgl. Pfetzing/Rohde 2011, S. 447).

Als wichtiges Ergebnis dieser Arbeit soll die Erfahrung gelten, dass hybride Methoden vielfach schon heute genutzt werden und immer mehr Projekte versuchen, von beiden Ansätzen das für ihre Aufgabenstellung am besten geeignete zu übernehmen (vgl. Kneuper 2015, S. 20). Viele Schwächen der unterschiedlichen Ansätze können so verringert werden, womit sich dieses Vorgehen für die Verfasserin als zielführend und in Zukunft immer weiter an Bedeutung gewinnend charakterisiert. Unternehmen sollten für diese Art des Projektmanagements offen sein und Projektmanagern die Möglichkeit geben, mit verschiedenen Arbeitsweisen zu experimentieren und eine geeignete Kombination an Mitteln zu finden sowie die eigenen Erfahrungen auszubauen.

Unternehmen sollten auf Unterstützung bauen, wenn es um Projektmanagement geht, und sich mit anderen Organisationen vernetzen. So können Synergieeffekte entstehen und Trends und Know-how werden ausgetauscht und diskutiert. Zusätzlich bieten Verbände die Möglichkeit, Wissen auszutauschen und Fragen zu verschiedenen Methoden zu besprechen. Dies sollte von Unternehmen nicht unterschätzt werden, wenn Projektmanagement heute und auch in Zukunft gut funktionieren soll. Auch eine interne Umstrukturierung kann angedacht werden, indem Zertifizierungen für Projektmanager aufgenommen werden und Projektmanagement einen wichtigen Stellenwert im Unternehmen erhält.

Winkelhofer hält als Fazit seines Standardwerks Management- und Projektmethoden fest: „Wir brauchen nicht das Ziel des Projektes zu ändern, wenn die Vorgehensweise - unserer Meinung nach - nicht passt, sondern dürfen die Vorgehensweise so verändern, dass wir mit dem kleinstmöglichen Aufwand und so schnell wie möglich von einem IST zu einem SOLL gelangen" (Winkelhofer 2005, S. 307). Dieser Ausspruch trifft die Feststellungen aus dieser Arbeit sehr treffend und gilt sicherlich für viele Unternehmen. Diese Sichtweise ist in einigen Organisationen möglicherweise noch nicht ausreichend ausgeprägt, um ein funktionierendes Projektmanagement zu gewährleisten.

Insgesamt fließen verschiedene Faktoren in die Entscheidung mit ein, welche Projektmanagement-Methode zum eigenen Unternehmen passt. Dabei kann schwierig anhand fest bestimmter Kriterien entschieden werden. Es zählt immer der individuelle Fall und die unternehmensspezifischen Gegebenheiten. Daher kann diese Arbeit nur einen Überblick über die Methoden geben und ein mögliches Instrument zur Auswahl der passenden Methode darbieten - Unternehmen können und sollen dies als Anregung nutzen, können die Kriterien jedoch auch erweitern oder weniger relevante Punkte streichen. Zusätzlich muss immer wieder reflektiert werden, ob die genutzte Methode weiterhin zum Unternehmen passt, oder angepasst werden muss - hierfür sind Offenheit gegenüber aktuellen Trends notwendig und eine Unternehmenskultur, die Veränderungen ermöglicht. Dabei bieten die unterschiedlichen Vorgehens-modelle je nach Projektsituation individuelle Vor-und Nachteile mit sich, die es vor Beginn abzuwägen gilt. Die Tendenz der Autorin geht dahin, dass hybride Methoden die Vorteile aus der klassischen und agilen Welt bestmöglich verknüpfen und die Projektsituation bei richtigem Einsatz der Elemente aus traditionellen und agilen Arbeitsweisen optimieren können. Allerdings ist hierfür von grundlegender Bedeutung, hybride Modelle und damit einhergehende Abläufe nicht als absolute Offenheit in der Wahl der Mittel und der Methodikausgestaltung misszuverstehen. Bedingung für eine erfolgreiche Anwendung hybrider Methoden ist eine an den Zielen und Rahmenbedingungen orientierte Abwägung zwischen den verschiedenen Ansätzen. Darauf aufbauend ist eine Klärung der zu nutzenden klassischen und agilen Methodenschritte erforderlich, unter Berücksichtigung von Ziel und Wirkung der Kombination. Hybride Modelle sollten nicht durch eine Summe von adhoc-Entscheidungen entstehen, sondern als systematische Neukonstruktion von Prozessabläufen im Projektmanagement definiert werden, die dann in eine kontinuierliche Verbesserung der Abläufe übergeht.

Literaturverzeichnis

Agilemanifesto.org (2017): Manifesto for Agile Software Development. URL: http://agilemanifesto.org/ (letzter Zugriff: 05.12.2017).

Albers, T. & Hilmer, Dr. S. (2016): Traditionelles und agiles Vorgehen kombinieren. Hybrides Projektmanagement mit PRINCE2 und Scrum. In: Projektmagazin, Ausgabe 03/2016.

Aldushyna A. & Engstler, M. (2015): Erfolgsfaktoren bei der Umsetzung hybrider Projekte. In: Engstler, M. et al. (Hrsg.): Projektmanagement und Vorgehensmodelle 2015, Gesellschaft für Informatik, Bonn, S. 39-54.

Augustine, S. (2016): Scaling Agile - A Lean JumpStart. In: Leanpub.com, URL: https://leanpub.com/ScalingAgileALeanJumpStart (letzter Zugriff: 14.01.2018).

Austen, S. (2017): Was ist DevOps? Definition „Development & Operations". URL: https://www.dev-insider.de/was-ist-devops-a-570286/ (letzter Zugriff 20.12.2017).

AXELOS (2017): Best Practice Solutions - PRINCE2. URL: https://www.axelos.com/best-practice-solutions/prince2 (letzter Zugriff: 15.12.2017).

Balzert, H. et al (2008): Wissenschaftliches Arbeiten - Wissenschaft, Quellen, Artefakte, Organisation, Präsentation.W3-L-Verlag, Witten-Herdecke.

Boehm, B. & Turner, R. (2004): Balancing Agility and Discipline: A Guide for the Perplexed. 2. Auflage, Addison-Wesley Professional, Boston.

Brecht-Hadraschek, B. (2014): PMI, IPMA und PRINCE2. Projektmanagement-Zertifizierungen im Vergleich. In: Projektmagazin, Ausgabe 10/2014.

Brooks, Fred (1986) No Silver Bullet - Essence and Accident in Software Engineering. URL: http://www.itu.dk/people/hesj/BSUP/artikler/nosilver-bullit.pdf (letzter Zugriff 22.12.2017).

Cio.Bund.de (2017): V-Modell XT. URL: https://www.cio.bund.de/Web/DE/Architekturen-und-Standards/V-Modell-XT/vmodell_xt_node.html (letzter Zugriff: 17.12.2017).

Daut, P. (2015): Agile@scale: Do more with LeSS or be SAFe? Ansätze zur Skalierung - ein Überblick. In: Projektmanagement und Vorgehensmodelle 2015, Gesellschaft für Informatik, Bonn, S. 159-167.

Drews, G, & Hillebrand, M. (2010): Lexikon der Projektmanagementmethoden. 2. Auflage, Haufe-Lexware GmbH, Freiburg im Breisgau.

Dokumentation V-Modell XT (2017): Das V-Modell XT. URL: http://ftp.tu-clausthal.de/pub/institute/informatik/v-modell-xt/Releases/2.1/Dokumentation/V-Modell-XT-HTML/1462b145050fcdf1.html (letzter Zugriff: 20.12.2017).

Döring, N. und Bortz, J. (2016): Forschungsmethoden und Evaluation in den Sozial- und Humanwissenschaften. 5. Auflage, Springer Verlag, Berlin-Heidelberg.

ExtremeProgramming.org (2017): Extreme Programming: A gentle introduction. URL: http://www.extremeprogramming.org/ (letzter Zugriff: 20.12.2017).

Gesellschaft für Informatik e. V. (2018): Über uns. URL: https://gi.de/ueber-uns/ (letzter Zugriff: 03.01.2018).

GPM Deutsche Gesellschaft für Projektmanagement e.V. (2017): Projektmanagement-Forschung. URL: https://www.gpm-ipma.de/know_how/pm_forschung.html (letzter Zugriff 27.12.2017).

GPM Deutsche Gesellschaft für Projektmanagement e.V. (2017a): Über Uns. Organisation. URL: https://www.gpm-ipma.de/ueber_uns/organisation.html (letzter Zugriff: 22.12.2017).

GPM Deutsche Gesellschaft für Projektmanagement e.V. (2017b): Know-how. Fachgruppen. URL: https://www.gpm-ipma.de/know_how/fachgruppen.html (letzter Zugriff: 22.12.2017).

GPM Deutsche Gesellschaft für Projektmanagement e.V. (2017c): Startseite. URL: https://www.gpm-ipma.de/startseite.html (letzter Zugriff: 22.12.2017).

Gläser, J. & Laudel, G. (2010): Experteninterviews und qualitative Inhaltsanalyse. 4. Auflage, VS Verlag/Springer Fachmedien, Wiesbaden.

Gloger, B. (2013): Das Scrum-Prinzip. Agile Organisationen aufbauen und gestalten. In: Wirtschaft und Management, Band 10, November 2013, S. 7-25.

Habermann, F. (2013): Hybrides Projektmanagement – agile und klassische Vorgehensmodelle im Zusammenspiel. In: HMD – Praxis der Wirtschaftsinformatik, Jg. 50, Heft 293, Oktober 2013, S. 93-102.

Halamzie, F. (2013): Management von Softwareprojekten: klassisch, agil, lean und systemisch. Diplomica Verlag, Hamburg.

Hanschke, I. (2010): Strategisches Management der IT-Landschaft. Ein praktischer Leitfaden für das Enterprise Architecture Management. 2. Auflage, Carl Hanser Verlag, München.

Hanser, E. (2010): Agile Prozesse: Von XP über Scrum bis MAP. Springer Verlag, Berlin-Heidelberg.

Hanser, E. (2016): Erweiterung agiler Prozesse durch sozietäre Vorgehensbausteine. In: Mayr, H. & Pinzger, M. (Hrsg.): Informatik 2016, Gesellschaft für Informatik, Bonn.

Held, Dr. C. (2015): Nach objektiven Kriterien entscheiden. Agil oder klassisch - für jedes Projekt das richtige Vorgehen finden. In: Projektmagazin, Ausgabe 01/2015.

Hemmerich, A., Harrant, H. & Kamiske, G. (Hrsg.) (2016): Projektmanagement: In 7 Schritten zum Erfolg. 4. Auflage, Carl Hanser Verlag, München.

Hochschule Koblenz (2017): Abschlussbericht: Status Quo Agile 2016/2017. 3. Studie über Erfolg und Anwendungsformen von agilen Methoden. Studienautoren: Komus, Prof. Dr. A. & Kuberg, M.; Hochschule Koblenz BPM-Labor, Koblenz.

IBM (2017): Rational Unified Process: Best Practices for Software development Teams. URL: https://www.ibm.com/developerworks/rational/library/content/03July/1000/1251/1251_bestpractices_TP026B.pdf (letzter Zugriff: 18.12.2017).

IPMA International Project Management Association (2017): Startseite. URL: http://www.ipma.world/ (letzter Zugriff: 22.12.2017).

Jenny, B. (2016): Projektmanagement. Das Wissen für eine erfolgreiche Karriere. 5. Auflage, vdf Hochschulverlag AG, Zürich.

Kirchhof, Dr. M. & Kraft, Dr. B. (2011): Dogmatisches „Entweder agil oder klassisch" im Projektmanagement hat ausgedient - die richtige Mischung macht`s. Beitrag für das 28. Internationale Deutsche Projektmanagement Forum, Deutsche Gesellschaft für Projektmanagement e.V.

Kneuper, R. (2015): Klassische und agile Vorgehensmodelle - ein historischer Überblick. In: Engstler, M. et al. (Hrsg.): Projektmanagement und Vorgehensmodelle 2015, Gesellschaft für Informatik, Bonn, S. 29-38.

Komus, Prof. Dr. A. (2017): Selektiv, hybrid, bimodal? Agil-klassische Mischformen - neue Chancen und Herausforderungen für PMOs und Unternehmen. In: Projektmagazin, Ausgabe 18/2017.

Kuckartz, U. (2014): Qualitative Inhaltsanalyse. Methoden, Praxis, Computerunterstützung. 2. Auflage, Beltz Juventa, Weinheim/Basel.

Kuhrmann et al. (2017): Hybrid Software Development Apporaches in Practice: A European Perspective. In: IEEE 2017 Preprint.

Kuhrmann et al. (2017a): Hybrid System and Software Development in Practice: Waterfall, Scrum, and Beyond. In: Proceedings of International Conference on Software System Process, Paris, Frankreich.

Kuster, J. et al (2011): Handbuch Projektmanagement. 3. Auflage, Springer Verlag, Berlin-Heidelberg.

Lorenz, K., Fiedler, A. & Thaler, T. (2016): Ein hybrider Projektmanagementansatz für das regulierte Umfeld. In: Engstler, M. et al. (Hrsg.): Projektmanagement und Vorgehensmodelle 2016, Gesellschaft für Informatik, Bonn.

Mathis, C. (2016): SAFe. Das Scales Agile Framework. Lean und Agile und großen Unternehmen skalieren. Dpunkt.verlag GmbH, Heidelberg.

Mayring, P. (2015): Qualitative Inhaltsanalyse: Grundlagen und Techniken. 12. Auflage, Beltz Verlagsgruppe, Weinheim.

Meyer, B. (2014): Agile! The Good, the Hype and the Ugly. Springer International Publishing, Cham.

Müller, P.-J. & Hüsselmann, C. (2017): Auswirkungen und Potenziale agiler Methoden. Agilität im Projektportfoliomanagement. In: Projektmanagement aktuell, Jg. 28, Ausgabe 02/2017, S. 49-57.

Opelt, A. et al (2012): Der agile Festpreis. Leitfaden für wirklich erfolgreiche IT-Projekt-Verträge. Carl Hanser Verlag, München.

o.V. (2017): PRINCE2. Definition im Glossar des Projektmanagement-Magazins. URL: https://www.projektmagazin.de/glossarterm/prince2 (letzter Zugriff: 04.12.2017).

o.V. (2016): Scrum + Kanban = Scrumban. URL: https://agileprojektmanagement.wordpress.com/2016/03/15/scrum-kanban-scrumban/ (letzter Zugriff: 19.12.2017).

Patzak, G. & Rattay, G. (2014): Projektmanagement. Leitfaden zum Management von Projekten, Projektportfolios und projektorientierten Unternehmen. 6. Auflage, Linde Verlag, Wien.

Pautsch, P. (2017): Wert des Projektergebnisses als Erfolgsfaktor. Verschwendung mit Lean Project Management vermeiden. In: Projektmagazin, Ausgabe 23/2017.

Peipe, S. (2015): Crashkurs Projektmanagement. 6. Auflage, Haufe-Lexware GmbH, Freiburg im Breisgau.

Pfetzing, K. & Rohde, A. (2011): Ganzheitliches Projektmanagement. 4. Auflage, Verlag Dr. Götz Schmidt, Gießen.

Preußig, J. (2015): Agiles Projektmanagement: Scrum, Use Cases, Task Boards & Co. Haufe-Lexware-Verlag, Freiburg im Breisgau.

Project Management Institute e.V. (2017): PMI in Deutschland. URL: http://www.pmi-germany.org/ (letzter Zugriff: 15.12.2017).

Pröpper, N. (2012): Agile Techniken für klassisches Projektmanagement: Qualifizierung zum PMI-ACP. Hütig Jehle Rehm Verlag, Heidelberg.

Rietz, S. & Steinhoff, F. (2016): FAQ Projektmanagement: 100 Fragen - 100 Antworten. 2. Auflage, Symposion Publishing GmbH, Düsseldorf.

Roock, Dr. A (2011): Software-Kanban - eine Einführung. In: Projektmagazin, Ausgabe 04/2011.

Röpstorff, S. & Wiechmann, R. (2012): Scrum in der Praxis. Erfahrungen, Problemfelder, Erfolgsfaktoren. Dpunkt.verlag GmbH, Heidelberg.

Sandhaus, G., Berg, B. & Knott, P. (2014): Hybride Softwareentwicklung: Das Beste aus klassischen und agilen Methoden in einem Modell vereint. Springer Verlag, Berlin Heidelberg.

Schabel, F. (2015): Von starren Prozessen zu agilen Strukturen. In: Haufe.de, URL: https://www.haufe.de/personal/hr-management/hr-trends-2016-von-starren-prozessen-zu-agilen-strukturen_80_330760.html (letzter Zugriff: 31.01.2018).

Schneegans, M. (2012): „Klassisches" versus agiles IT-Projektmanagement. Die Wahl der richtigen Vorgehensweise. Amendos Whitepaper, Hamburg.

Schopka, K. (2015): Controlling von hybriden Projekten - Herausforderungen und Chancen. In: Engstler, M. et al. (Hrsg.): Projektmanagement und Vorgehensmodelle 2015, Gesellschaft für Informatik, Bonn, S. 183-187.

Scrumguides.org (2017): The Scrum Guide. URL: http://scrumguides.org/scrum-guide.html (letzter Zugriff 06.12.2017).

Stellmann, A. & Greene, J. (2015): Learning Agile. Understanding Scrum, XP, Lean and Kanban. O'Reilly Media, Sebastopol (Kalifornien, USA).

Timinger, H. & Seel, C. (2016): Ein Ordnungsrahmen für adaptives hybrides Projektmanagement. In: Projektmanagement aktuell, Jg. 27, Ausgabe 4/2016, S. 55-61.

Thun, H. (2014): Von Innovationen getrieben. Hybrides Projektmanagement steigert Effizienz. In: Computerwoche, URL: https://www.computerwoche.de/a/hybrides-projektmanagement-steigert-effizienz,3068228 (letzter Zugriff: 30.12.2017).

Thun, H. (2014a): Klassisches und agiles Projektmanagement verknüpft. In: IT-Zoom, URL: http://www.it-zoom.de/it-director/e/klassisches-und-agiles-projektmanagement-verknuepft-8930/ (letzter Zugriff: 30.12.2017).

Tolnai, E. & Auth, G. (2016): Evaluation von Software-Werkzeugen für agiles Projektmanagement. In: Projektmanagement aktuell, Jg. 27, Nr. 2/2016, S. 36-42.

Von Bergen, K. (2016): Wann macht agiles Projektmanagement Sinn? In: Marconomy.de, URL: http://www.marconomy.de/wann-macht-agiles-projektmanagement-sinn-a-554779/ (letzter Zugriff: 30.12.2017).

Wagener, A. & Ziller, C. (2012): IT-Projektmanagement: klassisch agil. In: Kammerer, S., Lang, M. & Amberg, M. (Hrsg.): IT-Projektmanagement-Methoden von Scrum bis PRINCE2. Symposion Publishing GmbH, Düsseldorf, S. 165-195.

Winkelhofer, G. (2005): Management- und Projektmethoden. Ein Leitfaden für IT, Organisation und Unternehmensentwicklung. 3. Auflage, Springer Verlag, Berlin-Heidelberg.

Wirdemann, R. (2011): Scrum mit User Stories. 2. Auflage, Carl Hanser Verlag, München.

Anhang

Anhang A: Leitfaden für die Experteninterviews

Einstieg

Sehr geehrte/r Interviewpartner, herzlichen Dank, dass Sie Zeit für dieses Interview gefunden haben. Mein Name ist Maren Sellmann und ich studiere im Masterstudiengang General Management an der IUBH Fernstudium. Dieses Interview wird im Rahmen meiner Masterthesis zum Thema „Agil, klassisch, hybrid – Chancen und Risiken verschiedener Projektmanagement-Methoden im Vergleich" genutzt. Bei der Arbeit handelt es sich um eine Gegenüberstellung der jeweiligen Projektmanagement-Methoden, und neben den Sekundärquellen möchte ich auch praktische Meinungen von Experten einfangen. Dieses Interview wird ca. 10-15 Minuten in Anspruch nehmen und wird zur Vervollständigung meiner Notizen aufgezeichnet. Es wäre sehr hilfreich, wenn ich Ihre Aussagen in meiner Arbeit unter Ihrem Namen zitieren darf. Ist dies für Sie in Ordnung?
Haben Sie vorab Fragen?

Interviewfragen

Frage 1: Im ersten Schritt möchte ich gerne ein paar Details zu Ihrer Person erfragen. Könnten Sie bitte in 2-3 Sätzen darlegen, wie lange und in welcher Form Sie sich mit Projektmanagement-Methoden auseinandergesetzt haben?

Frage 2: Vor rund 10-15 Jahren gab es einen Hype rund im agile Projektmanagement-Methoden. Wie ist ihr Gefühl – war der Hype berechtigt, sind agile Methoden klassischen überlegen? Wenn ja, in welcher Form?

Frage 3: Was sind für Sie die zwei bis drei zentralen Vorteile agiler Projektmanagement-Methoden? Welche Nachteile sehen Sie?

Frage 4: Welche Vorteile sehen Sie in der Nutzung klassischer Methoden? Gibt es hier Nachteile oder veraltete Denkweisen?

Frage 5: Wie schätzen Sie die aktuelle Nutzung und das Potenzial von hybriden Projektmanagement-Methoden ein?

Frage 6: Welche Vor- und Nachteile sehen Sie bei der Nutzung hybrider Vorgehensweisen?

Frage 7: Gibt es für Sie hybride Modelle, die Sie besonders hervorheben würden? Wenn ja, welche sind dies und warum sehen Sie diese als effizienter an?

Frage 8: Wenn Sie eine Einordnung treffen sollten – für welche Branchen oder Unternehmen eignen sich agile, klassische und hybride Methoden jeweils besonders gut?

Frage 9: Welche Best Practices gibt es aus Ihrer Sicht für Unternehmen bei der Einführung einer neuen Projektmanagement-Methode?

Schluss

Wir sind mit den Interviewfragen nun am Ende. Möchten Sie noch etwas zu diesem Thema beitragen, das Ihnen wichtig ist und was bisher noch nicht erwähnt wurde?

Ich danke Ihnen recht herzlich für die Teilnahme an meinem Interview und für die Unterstützung bei der Erstellung meiner Masterthesis! Bei Fragen stehe ich Ihnen gerne zur Verfügung und werde Ihnen eine Abschrift des Interviews zeitnah zukommen lassen.

Zusätzlich: Optionale Detaillierungsfragen, die sich im Laufe des Gespräches ergeben.

Anhang B: Transkripte der Interviews

Experteninterview Alexander Volland/ Maren Sellmann vom 28. August 2017

Transkription des Gespräches zwischen Herrn Alexander Volland, Projektleiter & Process Owner Service Design & Transition bei der Union IT-Service GmbH, und Maren Sellmann. Das Interview wurde am 28. August 2017 zwischen 14:00 Uhr und 14:40 Uhr geführt. Nachfolgend werden die Namen Alexander Volland mit AV und Maren Sellmann mit MS abgekürzt. Auf die Transkription von Füllwörtern und Ähnlichem wird verzichtet.

Gesprächsverlauf des Interviews

MS: Herr Volland, wie lange und in welcher Form setzen sie sich beruflich mit Projektmanagement-Methoden auseinander?
AV: Ich arbeite seit 1998 in IT-Projekten und bin ab etwa 2000 als Projektleiter tätig, also rund 17 Jahre.
MS: Vielen Dank. Vor 10-15 Jahren kam die Thematik agile Projektmanagement-Methoden auf, Thema agiles Manifest - wie ist Ihre Einschätzung, war diese Entwicklung vorherzusehen? Sie hatten ja bereits berichtet, dass Sie sich hauptsächlich auf klassische Projektmanagement-Methoden fokussieren. Würden Sie sagen, agile Methoden sind klassischen überlegen? Und wenn ja, in welcher Form?
AV: Nein, das würde ich überhaupt nicht sagen. Ich würde sagen agile Methoden haben andere Eigenschaften als klassische. Ich glaube, dass die agile Vorgehensweise mit vielen Heuristiken arbeitet und eine Antwort auf immer komplexere und immer schwerer planbare Vorhaben ist. Wenn man sich die Klassiker der gescheiterten Großprojekte ansieht (bspw. Berliner Flughafen, Stuttgart 21, usw.) dann sieht man immer, dass eine volle Ausplanung der Komplexität einfach

nicht gerecht wird. Das ist nicht möglich. Und dort wird man mit eher heuristischen Vorgehensweisen wahrscheinlich besser zum Erfolg kommen.
MS: Was sind für Sie die zwei bis drei Vorteile von agilen Methoden? Wo sehen Sie Nachteile?
AV: Ich glaube die Haupteigenschaft agiler Methoden, bevor ich auf Vor- und Nachteile zu sprechen komme, ist, dass die Kommunikation fest verdrahtet im Vordergrund ist. Wenn Sie sich bspw. Scrum ansehen, dann findet täglich ein Meeting statt und dort geht es um fest vorgegebene Themen. Außerdem gibt es retrospektive Meetings, usw. Das ist alles super, und der Hauptvorteil ist, dass es fest in die Methode verdrahtet ist. Wenn Sie in die klassische Vorgehensweise hineingehen, und damit meine ich nicht Wasserfall, denn den gibt es de facto nicht, sondern iterative Verfahren, dann haben Sie dort auch immer die Forderung, die Stakeholder zu identifizieren und mit Ihnen zu sprechen, ein Berichtswesen aufzubauen und so weiter. Das ist aber in der Form nicht fest vorgegeben, weil man im klassischen Modell sagt: Man weiß ja nie, welchen Zustand man vorfindet und was entsprechend die richtige Kommunikationsmethode darstellt – daher wird dies offengelassen.
Bei den agilen Methoden wir festgesetzt, dass und wie die Kommunikation stattfinden muss.
Im klassischen Projekt würde ich die Form offenlassen und passend für das Projekt durchführen. Daher haben sie im Klassischen quasi eine höherwertige Arbeitsanweisung - auf der anderen Seite können durch die fehlende Formvorgabe Fehler entstehen. Man sollte bei einem Vergleich der Methoden aber immer darauf achten, dass die Projekte auch vergleichbar sind.
Zur ursprünglichen Frage zurück: als Vorteil agiler Methoden sehe ich den Umgang mit unklaren Aufgaben bei klaren Zielen. Ein Projekt kann ich klassisch immer dann gut machen, wenn ich ein klares Ziel und einen klaren Projektauftrag habe. Wenn die Anforderungen dabei noch nicht ganz klar sind, dann ist agil oft eine bessere Methode sich an die Detailaufgaben heranzutasten. Wenn ich die Anforderungen klar vorgegeben habe oder absehen kann, dann behaupte ich, bin

ich mit einem klar durchgeplanten Projekt oft schneller/ressourcen-optimaler, weil ich weiß, was ich in welcher Reihenfolge erledigen muss.

Weiterer Vorteil ist bei agilen Methoden die Eignung für Projekte mit hoher Change-Frequenz: ich nutze es also dann, wenn ich weiß, dass mein Auftraggeber häufig seine Meinung ändert, (siehe „scopecreep" - der Auftraggeber fordert ständig neue, zusätzliche Funktionen und gibt das Projekt nicht frei.)

Die Einschränkung bei diesem Vorteil ist, dass wir aber vorher oft gar nicht wissen, wie der Kunde agiert. Wenn ich den Kunden kenne, ist dies natürlich einfacher; aber dann bin ich ja oft auch eher in einer Art Schienenprojekt und benötige keine agile Vorgehensweise mehr, weil bestehende Systeme gezielt weiterentwickelt werden.

Dritter Vorteil, der meiner Meinung nach auch am meisten Auswirkung auf das Unternehmen hat, ist die hohe soziale Kontrolle: Da kann sich keiner wegducken, wenn Sie die Leute morgens in einem Meeting haben und jeder muss berichten, was er gestern erledigt hat und was er heute vorhat. Beim dritten Mal wissen sie, wer ein „Faulenzer" ist.

Die Nachteile sind für mich, dass agile Methoden oft nicht auf den Bedarf von Unternehmensplanung eingehen. Das Unternehmen hat ja eine höher gelagerte Planung für Strategie, Unternehmensziele, Budgetziele. Diese Planung ist oft nicht kompatibel zur agilen Vorgehensweise, die mit Timeboxing oft das Ziel offenlässt.

Die Einführung agiler Methoden ist oft Stückwerk, weil sie diese in der unternehmerischen Praxis entweder unten (bottom-up/grassroot) oder oben (top-down) anfangen, sie es aber meiner Meinung nach immer ganzheitlich angehen müssen, wenn Sie die Prozess- und Kulturänderung ordentlich machen möchten. Die klassische Methode ist hier oft besser eingepasst.

Der zweite Nachteil ist die hohe soziale Kontrolle, die eben als Vorteil genannt wurde. Bei der Einführung agiler Methoden sollte man aus meiner Erfahrung mit einer Fluktuation von etwa 10% rechnen. Sie verlieren also möglicherweise auch Köpfe und Know-how. Die starke Kontrolle ist für manche Mitarbeiter schwierig.

Zuletzt habe ich den Eindruck, dass der Umgang mit Risiken oft durch einen Umgang mit der aktuellen Situation umgangen wird. Morgens berichte ich, was mich an der Weiterarbeit hindert – ich muss aktiv werden und das Problem lösen. Ein Risikomanagement, beispielsweise mit einer Suchfeldanalyse, (Wo können Risiken auftreten, was kann schiefgehen, wo habe ich unkontrollierbare Einflussfaktoren?), ist oft nicht in die agile Methode eingearbeitet und muss aus den klassischen Methoden „ausgeliehen" werden. Natürlich muss auch die Coaching-Intensität einbezogen werden, was aber kein agiles Problem darstellt, sondern für alle Prozesseinführungen gilt. Ich muss neue Prozesse immer ordentlich einführen, sonst fährt man gegen die Wand. Ich benötige also immer die Ressourcen im Bereich des Coachings.
MS: Danke für die umfangreiche Antwort. Welche Vor- und Nachteile sehen Sie in der Nutzung klassischer Methoden?
AV: Hauptvorteil ist natürlich die Planbarkeit und die Planung an sich. Ich weiß, was ich wann in Produktion bringe. Wenn es ordentlich durchgeführt wird, behaupte ich, dass man ordentliche Ergebnisse erhält, mit dem selben Risiko durch äußere Einflüsse wie bei einem agilen Projekt. Ich erhalte im klassischen Projektmanagement nachvollziehbare Ergebnisse und ich kann die Zielerreichung aufzeigen. Wenn der Kunde zur Hälfte der Projektlaufzeit fragt, ob ich fertig werde und er alle Funktionen erhält, die er benötigt, dann kann ich ihm die Frage beantworten. Ich habe alles verplant und kenne die Menge der geschätzten Aufwände, ich weiß, wie viel Prozent der tatsächlichen Arbeit ich erledigt habe (Bezogen auf die Nutzung der earnedvalue Methode). Bei agilen Methoden, je nachdem welche Methode Sie verwenden, sagt die Bearbeitung der Hälfte aller Einträge des Product Backlogs nicht unbedingt viel aus, da die andere Hälfte möglicherweise noch nicht ausformuliert ist und ich noch nicht weiß, was dahintersteckt.
Nachteile sehe ich im Bereich des Umgangs mit Risiken, diese sind im Unternehmenskontext oft stiefmütterlich behandelt, was dazu führt, dass Projekte nicht ordentlich beendet werden können.

Außerdem muss der hohe Umplanungsaufwand bei Change Requests als Nachteil einbezogen werden – sobald ein Projektchange dazukommt, verrutschen alle folgenden Aufgaben häufig nach hinten:(auch) aus personeller Sicht ergeben sich dadurch natürlich Probleme, da Sie beispielsweise spezielle Mitarbeiter fest eingeplant haben, diese aber erst später benötigen. Hier ergeben sich dann sehr hohe Umplanungsaufwände. Die Antwort hierauf ist häufig iteratives Planen ist, so dass nur die nächsten drei Monate fein und der Rest grob ausgeplant wird. Aber dann gehen Sie ja schon (fast) wieder in Richtung hybride Methoden; beide Modelle bedienen sich bei den anderen, um die eigenen Schwächen auszugleichen.
MS: Wie schätzen Sie das Potenzial dieser hybriden Methoden, bei denen Sie aus klassischen und agilen Modellen Teile zu kombinieren, ein?
AV: Hybride Methoden sind meiner Meinung nach ein Hilfskonstrukt, um agile Arbeitsweisen in klassisch geplante Unternehmen einzubauen. So gesehen sollten hybride Verfahren eigentlich ein Übergangsthema sein, für ein paar Jahre beispielsweise. Und dann sollte man sich schon überlegen, in welche Richtung man im jeweiligen Unternehmen gehen will – denn hybrid bedeutet immer Mehraufwand. Sie haben dann schicke Konstrukte, dass Sie Ihre Scrum Master und den Product Owner haben, und dann gibt es trotzdem noch einen Projektleiter der die monatlichen Statusberichte für das Management ausfüllen muss. Das ist einfach ein Mehraufwand. Die Nutzung hybrider Modelle in der Praxis ist aber hoch, fast alle Unternehmen, die in Richtung agil denken, fangen de facto hybrid an.
MS: Interessant. Würden Sie für mich noch einmal kurz zusammenfassen: wo sehen Sie Vor- und Nachteile hybrider Methoden?
AV: Hybrid ist ein Sammelbegriff für alles, was nicht sauber abgegrenzt ist und somit für fast alles, was Sie im Unternehmensalltag finden. Vorteile könnten sein, dass Sie das Beste aus beiden Welten bekommen. Nachteile sind, dass Sie die Potenziale von klassisch oder agil gar nicht voll ausnutzen können. Ich glaube, die Hauptherausforderung für viele Projektleiter ist nicht, dass sie nicht alle Methoden

kennen, sondern dass sie aus dem Gesamtbaukasten die richtige Methode zum richtigen Zeitpunkt auswählt, denn das ist schwierig.

MS: Gibt es für Sie hybride Modelle, die Sie besonders hervorheben würden?

AV: Dazu kann ich Ihnen leider wenig sagen, hierzu werden Sie in der Literaturrecherche sicherlich viel zu finden. Aus der Betriebspraxis kann ich da keine Methode nennen.

MS: In Ordnung, dann lassen wir das außen vor. Gut, dann habe ich noch eine umfangreichere Frage: Wenn Sie eine Einordnung treffen sollten, für welche Branchen oder Unternehmen sich agiles, klassisches oder hybrides Projektmanagement jeweils besonders gut eignet, wie sähe diese aus?

AV: Je kleiner das Unternehmen und das Projekt, desto leichter ist eine agile Herangehensweise. Denn agil setzt auf Kommunikation, und in einem Großprojekt will ich nicht, dass jeder mit jedem spricht, das ist auch gar nicht notwendig. Bei einer starken Verkettung von Systemen (=viele Systeme, viele Stakeholder) bieten sich klassische Modelle eher an. Je disjunkter die betroffenen IT-Produkte sind, umso leichter können Sie agile Methoden nutzen. Bei großen, verketteten Projekten kann eine agile Vorgehensweise ein Albtraum sein. Bei unabhängigen IT-Produkten kann eine agile Vorgehensweise wunderbar sein. Auch wenn eine hohe gesetzliche Reglementierung vorliegt (bspw. Medizin, Finanzindustrie), sind agile Methoden schwierig umzusetzen, hier liegen historisch häufig auch verkettete, voneinander abhängige Systeme vor.

Fazit daraus: Am Ende ist es immer ein wenig eine Einzelfallentscheidung. Wenn Sie es schaffen, Abhängigkeiten sauber in den Griff zu bekommen, oder Projekte auf ein System bezogen umsetzen, können Sie eher agil arbeiten. Und hybrid ist immer dann interessant, wenn Sie in Teilen anfangen im Unternehmen agil zu werden – dann sind Sie ja automatisch hybrid.

MS: Meine letzte Frage ist, ob es aus Ihrer Sicht Best Practices gibt, wenn Unternehmen sich von einer Projektmanagement-Methode hin zu einer anderen orientieren möchten. Wie kann man hier die Einführung oder Umsetzung am besten angehen?

AV: Ich glaube, hier sind vor allem drei Bereiche wichtig.
Als erstes sehe ich die Ziele, die erreicht werden sollen und die entsprechenden Treiber. In der Regel arbeitet das Unternehmen klassisch und will agil werden, Treiber sind dabei häufig der Markt, Wettbewerb, potenzielles neues Personal, die time-to-market, die Produktionsgeschwindigkeit, Kosteneffizienz oder Komplexität. Hier muss man sich überlegen, was der Treiber ist – Kosteneffizienz und time-to-market sind ungleich, man kann im magischen Dreieck nicht an drei Stellen gleichzeitig ziehen, das funktioniert nicht. Oft besteht auch eine Unzufriedenheit mit dem aktuellen System, geringe Zusammenarbeit, die Langzeitplanung funktioniert nicht, oder ähnliches. Dann denkt man auch oft, dass agil die Lösung ist.
Als zweiten relevante Punkt sehe ich mögliche Barrieren an, die vorhanden sind. Hierüber sollte man sich Gedanken machen, zum Beispiel bezüglich der Supporteinheiten oder Unternehmensprozesse: Rechtsabteilung oder andere Stabseinheiten (Einkauf, Projektportfoliomanagement und andere), die alle irgendwelche Vorgaben machen, und alle nicht agil arbeiten und nicht an morgendlichen Scrum-Meetings teilnehmen können/wollen/werden. Hier muss man überlegen, wie man damit umgeht und dies kompatibel macht. Die andere Frage ist, ob Sie abhängige Systeme haben, denn dann haben Sie häufig einen Spezialisten, den alle laufenden Projekte einbinden wollen. Wenn Sie disjunkte Systeme haben, dann ist das kein Thema. Hier haben Sie das Product Backlog oder das Kanban-Board mit allen Aufgaben, die das System betreffen. Diese werden priorisiert und der Reihe nach abgearbeitet. Aber wie ist das, wenn ich ein Projekt habe, dass durch fünf Systeme geht? Werden meine Anforderungen dann auch in der richtigen Reihenfolge und Priorität in den Systemen umgebaut? Das ist eine Barriere hinsichtlich der ganzen Organisation. Außerdem müssen Sie die Prozesse betrachten, aus denen sich oft Herausforderungen ergeben, beispielsweise das Zusammenspiel der Projektplanung und der Gesamtunternehmensplanung, Prozesse in Bezug auf Projektportfolio- oder Ressourcenmanagement.

Der dritte große Block ist das Thema Unternehmenskultur und wie Führungskräfte über agil denken. Denn agil hat ja Werte, und Sie haben in der Regel eine hierarchische Rollenstruktur, top-down, im agilen haben Sie dies nicht. Hier sagt zwar der Product Owner was er in welcher Reihenfolge gerne hätte, was ihm am Wichtigsten ist, aber das agile Team stellt dann das, was im nächsten Sprint zu machen ist, selbst zusammen. Sie haben eine geringere organisatorische Beweglichkeit mit den ganzen Stabsstellen, die Machtverlust befürchten, und die unternehmerische Verantwortung ist gering, weil jeder nur für sich und seinen Bereich denkt. Das widerspricht natürlich auch agilen Werten. Sie benötigen Leute von unten, die für die neue Methode brennen, und auch Unterstützung vom Management und den entsprechenden Support. Insgesamt sehen wir hier oft eine Machtverlagerung von top-down zu Service-Leadership, das heißt der Manager hat mehr eine unterstützende Funktion.

Änderungsbereitschaft bezogen auf die Führungskräfte und die Fähigkeiten für agile Rollen sind ein Thema. Insgesamt ist der Wandel hin zu agilen Vorgehensweisen ein echtes Change-Projekt. (ironisch: Man müsste also ein klassisch geführtes Projekt aufsetzen, um agile Methoden einzusetzen). Für Start-Ups oder Unternehmensteile ist eine Umstellung auf eine andere Projektmanagement-Methode natürlich einfacher, da das ganze Team agiler und flexibler aufgestellt ist. Sie müssen letztlich auch überlegen, was Sie benötigen, um eine neue Projektmanagement-Methode einzuführen. Dazu zählen Prozesskompetenz, die man sich typischerweise einkaufen muss, Sie müssen Supporteinheiten mit einbeziehen und kontrollieren, und am besten die Richtlinienkompetenz auf die Arbeitsebene ziehen, so umgehen Sie viele Probleme, das ist für mich ein Erfolgsfaktor. Im Prozessverlauf müssen Sie bei der Einführung dann eine Art Nachhaltigkeitsanalyse machen, die Einführung systematisch angehen und die Mitarbeiter früh einbeziehen, denn sie betrifft es am Ende. Sie müssen auch darauf achten, dass die Mitarbeiter ein breites Wissen in allen betroffenen Gebieten des Projekts haben müssen, aber trotzdem in die Tiefe gehen an der Stelle, an der Sie der Experte sind (Stichwort: T-sha-

pedskills). Mit der Abteilungsstruktur haben Sie heute oft das Gegenteil, dass Sie viele Experten haben, die das große Ganze aber nicht mehr sehen. Oder Sie haben nur noch Leute, die in der Breite aufgestellt sind, aber kein Expertenwissen besitzen. Dann arbeiten Sie aber auch nicht agil, sondern gehen eher in Richtung Outsourcing, weil Sie dann eine bessere Bearbeitung der Anforderung erwarten können.
MS: Herr Volland, vielen Dank für Ihre Zeit und die Unterstützung!

Experteninterview Helge F. R. Nuhn / Maren Sellmann vom 01. September 2017

Transkription des Gespräches zwischen Herrn Helge F R. Nuhn, Senior Manager Public Sector Consulting / Digital Controlling KMPG AG, und Maren Sellmann. Das Interview wurde am 01. September 2017 zwischen 08:00 Uhr und 08:20 Uhr geführt. Nachfolgend werden die Namen Helge F. R. Nuhn mit HN und Maren Sellmann mit MS abgekürzt. Auf die Transkription von Füllwörtern und Ähnlichem wird verzichtet.

Gesprächsverlauf des Interviews

MS: Herr Dr. Nuhn, wie lange und in welcher Form setzen sie sich beruflich mit Projektmanagement-Methoden auseinander?
HN: Ich habe mich bereits im Studium der Wirtschaftsinformatik in den Bereich Projektmanagement vertieft. In meinen beruflichen Stationen habe ich mich auch immer mit dem Thema beschäftigt, und im Rahmen meiner Promotion bin ich im Organisationstheoretischen Bereich unterwegs gewesen, wo es auch um Projekte aus der Form der Organisation ging. Also arbeite ich permanent um das Thema herum.
MS: Vielen Dank. Vor 10-15 Jahren gab es ja einen Hype rund um agile Projektmanagement-Methoden, Thema agiles Manifest et cetera, wie

ist Ihr Gefühl – war dieser Hype berechtigt? Sind agile Methoden sind klassischen überlegen? Und wenn ja, in welcher Form?
HN: Ich denke es ist normal, dass es so etwas wie Hypes gibt. Eine neue Technologie oder Erfindung überrascht die Menschen, insofern finde ich dies auch berechtigt. Meiner Meinung nach stellen die Methoden eine schöne neue Denkweise dar. Ich denke allerdings nicht, dass sie per se überlegen sind – es gibt einfach nur sehr viel Potenzial durch Situationen, in denen sie hilfreich sein können. Ich glaube aber auch, dass im Rahmen dieses Hypes die Anzahl und der Umfang solcher Situationen überschätzt wird.
MS: Was sind für Sie die zwei bis drei Vorteile von agilen Methoden? Wo sehen Sie Nachteile?
HN: Vorteil sehe ich in der Adaptivität auf sich verändernde Rahmenbedingungen, das ist denke ich einleuchtend, denn das ist, worum es immer geht. Nebeneffekte sind quasi eingebaute Systeme wie Qualitäts- und Risikomanagement durch die häufigen Feedbackschleifen sowie der häufige Austausch und die Kommunikation. Nachteile sehe ich vor allem dann, wenn agil irgendwo eingeführt wird und es nicht die Wahl des Teams selbst war, agil als Standard-Methode gesetzt wird, ohne dass das Verständnis überhaupt da ist und Wille und Wunsch, agile Methoden einzusetzen, fehlen.
MS: Welche Vor- und Nachteile sehen Sie bei der Nutzung klassischer Projektmanagement-Methoden?
HN: Meine Meinung ist, dass sich klassische Projektmanagement-Methoden insbesondere dort eignen, wo man in einem sicheren Umfeld ist und ein klares Projektziel hat. Wo man Projekte schon etliche Male durchgeführt hat, in der gleichen oder einer vergleichbaren Form. Dann sind diese Methoden hervorragend geeignet, um ein Projekt gut durchzuführen. Nachteile sind die starke Linearität und die Trennung der Stufen. Wenn man strikt darauf abzielt, dass man zuerst ein Fachkonzept fertig erstellt haben muss, bevor man in die Implementierung einsteigt und keine Überlappung der Phasen zulässt, dann ergeben sich natürlich Ineffizienzen, die sich vermeiden lassen.

MS: Wie stehen Sie zum Thema unklare Anforderungen bei einem klaren Ziel? Würden Sie dann eher zu einer agilen Methode greifen oder zu einer klassischen?
HN: Definitiv zu einer agilen Methode. Wobei hier eventuell schon ausreichen würde, die gesamte Kommunikation zu erhöhen.
MS: Wie schätzen Sie die aktuelle Nutzung und das Potenzial der zukünftigen Nutzung von hybriden Projektmanagement-Methoden ein?
HN: Ich denke, es wird mehr werden. Das hat viel damit zu tun, dass Unternehmen schon die existierenden Regelwerke haben und dann rein agil nicht so durchzuführen wäre, wie man das vielleicht möchte. Da gibt es ja immer Rahmenbedingungen, an die man sich halten muss. Aber Studien haben auch belegt, dass es trotzdem erfolgreicher ist, agil und klassisch zu kombinieren, als nur eine klassische Methode zu verwenden. Deshalb denke ich, dass sich dieser Erfolg nachhaltig durchsetzen wird.
MS: Wo sehen Sie Vor- und Nachteile bei der Nutzung hybrider Methoden?
HN: Vorteil ist, dass man sich das Beste der Methoden aus allen Welten zusammensuchen kann. Wenn man weiß, wie dies funktioniert, halte ich das für eine gute Idee. Der Nachteil ist, dass man so leicht Mischformen implementiert hat, die gar nicht auf die Werte und die Philosophie aus dem Scrum-Teil oder dem agilen Teil abzielen, und man dadurch die Effekte nicht ausschöpfen kann, die Erwartungshaltung aber trotzdem da ist, dass jetzt alles besser wird.
MS: Denken Sie, dass die Nutzung hybrider Methoden eventuell auch mit einem höheren Aufwand einhergeht? Dass ich beispielsweise ein klassisches Rahmenwerk habe und Scrum-Elemente einfließen lasse und dadurch Ressourcen wie Zeitausgereizt werden?
HN: Genau, immer dann wenn es darum geht, dass etwas dogmatisch eingeführt wird, aber nicht dem Wunsch des Teams entspricht, dass ja idealerweise ein Expertenteam ist und genau weiß, was es an Methodik braucht. Dann ist das natürlich hinderlich. Aber wenn das Team selbst weiß, was es für Methodik-Teile zur Verfügung hat und diese dann effizient einsetzt und dabei nichts vergisst, dann ist natürlich der Vorteil maximal.

MS: Gibt es für Sie hybride Modelle, die Sie besonders hervorheben würden? Wenn ja, welche? Und warum sind diese effizienter?
HN: Könnten Sie eine hybride Methodik namentlich nennen?
MS: Was man beispielhaft nennen könnte wäre Water-Scrum-Fall, eine Mischung aus Wasserfall-Elementen und Scrum-Anteilen.
HN: Darüber haben wir auch neulich in einer Projektmanagement-Runde gesprochen, da gibt es ja auch mit PRINCE2 oder V-Modell XT Ideen. Besonders hervorheben würde ich allerdings keines, weil alle auf ähnliche Art und Weise arbeiten. Und dann würde ich wieder auf den Kontext schauen was sinnvoll ist und in das Umfeld passt. Das ist dann häufig das V-Modell, das kennen die Leute.
MS: Wenn Sie eine Einordnung treffen sollten, gibt es Branchen oder Unternehmen für die sich agiles, klassisches oder hybrides Projektmanagement jeweils besonders gut eignet? Oder ist das projektabhängig?
HN: Zuerst würde ich sagen es ist projektabhängig. Weil man auf Basis des Projektes leicht entscheiden kann. Jede Branche bringt unterschiedliche Arten von Projekten hervor, das ist richtig. Ich habe Scrum allerdings auch in Projekten eingesetzt, die nichts mit Forschung und Entwicklung zu tun gehabt haben, sondern wo es viel um die Entwicklung von Konzepten oder Berichten ging. So etwas gibt es in jeder Branche, dann halt in den jeweiligen Funktionen. Aber ich denke auch, dass es durch zunehmende Digitalisierung unterschiedliche Branchen gibt, wie zum Beispiel die Bauindustrie, in denen es zukünftig mehr Anwendungsfelder für Scrum und ähnliche Methoden geben wird, als wir sie heute kennen. Wenn ich an Information Model und alles andere, das im Bereich der Konstruktion passiert denke, werden viele Dinge in diesem Bereich zukünftig auch virtuell festgestellt und getestet werden können. Und da passt Scrum dann gut zu den neuen Rahmenbedingungen.
MS: Interessant. Meine letzte Frage ist, ob es aus Ihrer Sicht Best Practices gibt, wenn Unternehmen sich von einer Projektmanagement-Methode hin zu einer anderen orientieren oder eine neue Methode einführen möchte? Haben Sie dies selbst vielleicht schon erlebt?
HN: Nein, bedauerlicherweise war ich bisher nie daran beteiligt, wie so etwas zum Standard gemacht wurde. Per se würde ich sagen, dass

die Einbindung der Betroffenen, die es zur Anwendung bringen sollen, oberste Priorität ist. Da muss, wie bei anderen Change-Projekten, die Masse mitgenommen werden, indem Sie versteht was passiert und auch versteht, dass die Änderung wichtig ist und eine Lücke füllt. Indem Sie diese mitgestaltet und die Änderung von den Mitarbeitern akzeptiert wird. Das ist insbesondere wichtig, wenn man Scrum einführt oder als hybride Methodik einbringt. Es gibt ja sonst auch immer Mitarbeiter, die eher die eine Lehre von Scrum bevorzugen, und es gibt Menschen, die der Auffassung sind, dass nur einzelne Teile von Scrum verwendet werden sollten. Und die Parteien muss man an einen Tisch bringen, sodass beide sich immer noch in die Augen sehen können und einvernehmlich sagen können, diese Lösung ist gut für unsere Firma. Deshalb würde ich auch da kommunikativ einbindend vorgehen, die interessierten Personen auch in Experten-Gruppen einbinden und einen Standard für die Firma definieren.

MS: Was denken Sie, wie wichtig sind konkrete Zielsetzungen oder Dinge, die man durch den Einsatz einer neuen Projektmanagement-Methode erreichen will?

HN: Einer Firma wird es immer darum gehen, effizienter und kostensparender zu arbeiten. Wir erleben ganz häufig, dass Firmen effektiver werden wollen um mehr produzieren zu können. Das dürften eher die Gründe derjenigen sein, die es am Ende eingeführt haben, also im Rückblick. Welche Ziele damit verfolgt werden sollen, ist meiner Meinung nach immer abhängig davon, wen Sie fragen.

MS: Herr Dr. Nuhn, vielen Dank für Ihre Zeit und die Unterstützung!

Experteninterview Thomas Greb/ Maren Sellmann vom 01. September 2017

Transkription des Gespräches zwischen Thomas Greb, Geschäftsführer Thomas Greb Consulting, und Maren Sellmann. Das Interview wurde am 01. September 2017 zwischen 10:00 Uhr und 10:30 Uhr geführt. Nachfolgend werden die Namen Thomas Greb mit TG und Maren Sellmann mit MS abgekürzt. Auf die Transkription von Füllwörtern und Ähnlichem wird verzichtet.

Gesprächsverlauf des Interviews

MS: Herr Greb, wie lange und in welcher Form setzen sie sich beruflich mit Projektmanagement-Methoden auseinander?
TG: Insgesamt schätze ich ca. 20 Jahre, vielleicht etwas mehr. Ich habe Wirtschaftsinformatik studiert und habe seit 12 Jahren eine Firma für Projekt- und Prozessmanagement. Ich mache häufiger auch Interims-Projektmanagement, leite also größere Projekte oder Programme und habe in der Vergangenheit auch schon verschiedene Firmen beraten, was Projektmanagement-Methoden betrifft.
MS: Dankeschön. Vor 10-15 Jahren kam ja die Thematik agile Projektmanagement-Methoden auf, Stichwort agiles Manifest, wie ist Ihre Einschätzung - war dieser Hype berechtigt? Sind agile Methoden klassischen überlegen? Und wenn ja, in welcher Form?
TG: Meine Wahrnehmung ist, dass die Ausbreitung der Methoden eher in den letzten 5-7 Jahren stattgefunden hat. Diese Methodendiskussionen gab es vielleicht vor 10-15 Jahren. Es kommt aber immer darauf an, welche Methode man betrachtet - bei Scrum nehme ich es eher so wahr, dass die Nutzung in der Breite eher in den letzten 5-7 Jahren stattgefunden hat, bezogen auf das XP (extreme Programming) war dies eher vor 15 Jahren. Dies ist von der Nutzung meiner Meinung nach mittlerweile eher geringer. Zur Frage, ob der Hype berechtigt gewesen ist: Das hängt für mich vom Einsatzbereich ab, ob agile Methoden gut funktionieren oder eben nicht. Eine pauschale Aussage lässt sich da schlecht treffen. Hierzu gibt es auch einen lesenswerten Artikel „Thereisnosilverbullet“ von Fred Brooks, der im Wesentlichen sagt, dass es keine Patentlösungsmethoden in der IT gibt. Dies gilt auch für agile Methoden. Mein Fazit ist: Die IT hat viele Hypes durch-

laufen, häufig ist dort auch etwas dran. Dass agile Methoden klassischen überlegen sind, glaube ich aber nicht. Das hängt für mich von der Anwendungssituation ab.
MS: Vielen Dank. Was sind für Sie die zwei bis drei Vorteile von agilen Methoden? Wo sehen Sie Nachteile?
TG: Vorteil ist, dass auf unterschiedliche kurzfristige Anforderungen oder Umfeldänderungen flexibel reagiert werden kann. Der zweite Vorteil ist, dass es leicht zu erlernen ist, weil Scrum beispielsweise ja nur ein begrenztes Regel Set hat. Dritter Punkt ist, dass man in Situationen mit häufigen Änderungsschleifen nicht zu viel Energie in Dinge steckt, die man dann später wieder wegwirft, weil ihnen die Grundlage entzogen wurde. Der Nachteil ist, dass agile Methoden teilweise nicht zu konzernübergreifenden Steuerungsmechanismen oder kaufmännischen Mechanismen passen, wo sich Scrum mit diesen Systemen reibt. Ein zentraler Mechanismus bevor Unternehmen etwas umsetzen, ist die Erstellung eines Business Case und die Frage, ob eine Investitionsentscheidung vorteilhaft ist. Das heißt Sie haben einen kaufmännischen Hintergrund, bei agilen Methoden fragt man sich dann, gebe ich 50 Millionen für ein IT-Projekt aus, oder für ein Produkt oder eine Maschine? Und dann haben Sie eine Lifecycle-Betrachtung. Wenn Sie Scrum machen wissen Sie, dass Sie für die nächsten 1,3 oder 6 Monate. Sie wissen aber nicht, was Sie als nächstes tun, oder was Sie in 6 Monaten tun. Dann können Sie im Prinzip eine Aussage treffen, ob das, was Sie kurzfristig agil tun im Endeffekt den Business Case kaputtmacht oder ob Sie etwas Gutes entwickeln, oder es wirtschaftlicher Unsinn ist, dieser Reibungspunkt wird nicht aufgelöst. Weiteres Problem ist die Synchronisation von verschiedenen Projekten, vor allem, wenn Sie die Synchronisation von Meilensteinen benötigen. Dann gibt es nicht immer unbedingt die Garantie, dass ein agiles Teilprojekt diesen Meilenstein hält - und dann muss der Rest warten. Da gibt es dann Auflösemechanismen für etwa large scaledscrum (LESS) oder safescaled agile framework (SAFE), aber richtig überzeugend finde ich das noch nicht. In Abhängigkeiten zu Business Cases haben agile Methoden also definitiv ihre Nachteile. Das nächste Thema sind Software-Architekturen, wenn man es streng nimmt, hat

Scrum keine Architektur-Komponente, sondern da spielt nur der Code aus der Software eine Rolle. Das kann dazu führen, dass man etwas entwickelt, was eine geringe Lebensdauer hat.
MS: Welche Vor- und Nachteile sehen Sie in der Nutzung klassischer Methoden?
TG: Vorteil ist die Vorausplanbarkeit und die Kompatibilität mit Business Cases, dass man abhängige Aspekte, wenn Sie also beispielsweise auf Basis eines Produktes eine Marketingkampagne starten wollen, gut planen kann. Wenn Sie so etwas agil machen kann es sein, dass das Marketing losläuft, das Produkt zum Termin, an dem Sie die Bewerbung starten wollen, aber noch gar nicht fertig ist. Oder völlig andere Features aufweist. Nachteil ist, dass gerade in Bereichen mit kurzlebigen Produkten, zum Beispiel im Bereich der Spiel-Apps für Smartphones, die Reaktionsgeschwindigkeiten bei klassischem Projektmanagement zu lang sind und es einfach an Flexibilität mangelt.
MS: Wie schätzen Sie die aktuelle Nutzung und das Potenzial von hybriden Methoden ein – zum Beispiel Water-Scrum-Fall?
TG: Ich denke, das ist etwas, was in größeren Projekten häufig zum Einsatz kommt. Es gibt auch eine Studie vom CMMI Institute, wo im Prinzip die höchste Erfolgsmethode bei hybriden Projektmanagement-Methoden lag. Wie stark man solchen Statistiken glauben mag, ist dann natürlich immer die Frage. Meiner Meinung nach, wird die Nutzung zukünftig immer mehr werden, weil es Teile gibt, die man nicht agil machen möchte, kann oder darf, und weil aber gleichzeitig agil in vielen Bereichen Vorteile hat. Die Frage ist immer, wie homogen ist eine Aktivität – je größer sie wird, umso schwieriger ist die Umsetzung mit agilen Methoden. Denn Scrum-Teams sind ja häufig nur mit 8-12 Personen besetzt, und dann darf das zu betreuende Projekt natürlich nicht zu groß sein. Insgesamt glaube ich, dass die hybride Entwicklung eine sinnvolle Geschichte ist.
MS: In Ordnung. Wo sehen Sie denn Vor- und Nachteile hybrider Methoden?
TG: Der Vorteil ist, dass man für Teilbereiche von Projekten jeweils das Passende machen kann. Der Nachteil ist, dass man eine Kombina-

tion erzeugen muss, die zusammen gut funktioniert. Und dafür benötigt man relativ tiefgehendes Projektmanagement-Know-how, sowohl in agilen als auch in klassischen Methoden. Man muss den Sinn der Methodik und die Grenzen verstanden haben. Die Anforderungen an die Projektmanager sind also hoch. Außerdem müssen auch gesetzliche Regulierungen betrachtet werden, wenn wir uns zum Beispiel den Pharma- oder Luftverkehrsmarkt ansehen. Hier gibt es hochgradige Dokumentations- und Nachweisanforderungen, wenn Sie die Spezifikation oder die Testreihe nicht nachweisen können, weil Sie beispielsweise die User Stories weggeworfen haben, so wird das Medikament oder das Bauteil sicherlich nicht zugelassen werden. Bei Einschränkungen was die Dokumentation angeht, muss man also häufig auf agile Elemente verzichten.

MS: Gibt es für Sie hybride Modelle, die Sie besonders hervorheben würden? Oder würden Sie sagen, dass dies projektabhängig zu sehen ist?

TG: Für mich gibt es keine, die sich als Standard etabliert haben, nein.

MS: Wenn Sie eine Einordnung treffen sollten, für welche Branchen oder Unternehmen sich agiles, klassisches oder hybrides Projektmanagement jeweils besonders gut eignet, wie sähe diese aus?

TG: Das hängt von der Wettbewerbssituation ab. Wenn Sie ein Unternehmen haben, das mit kurzfristigen Wegwerfprodukten arbeitet oder Dingen, die man wegwerfen und neu bauen kann, wo der Marktdruck also hoch ist, schnell neue Features zu liefern, dann eignet sich agil gut. Klassisch ist gut, wenn es eine stabile Umgebung mit bekannten Anforderungen gibt oder die angesprochenen gesetzlichen Aspekte zu betrachten sind. Bei kleinteiligen Projekten bietet sich wieder agil an, wenn Sie die Projekte auf wenige Personen aufteilen können. Bei Großprojekten ist es schwierig, diese auf mehrere Teams aufzuteilen. Hybrid ist dadurch, dass man beliebig skalieren und kombinieren kann, wahrscheinlich für alle Graubereiche gut geeignet.

MS: Gibt es aus Ihrer Sicht oder Erfahrung Best Practices, wenn Unternehmen sich von einer Projektmanagement-Methode hin zu einer anderen orientieren möchten?

TG: Ich glaube, man sollte mit einem Health Check beginnen. Wenn man verschiedene Kriterien nimmt, die wir ja auch schon diskutiert haben, wie Wettbewerbssituation, gesetzliche Anforderung, Größe, Änderungshäufigkeit, Stabilität von Anforderungen, lässt sich gut schauen, welche Methode für die Situation passt. Wichtig ist also die Betrachtung des Umfeldes, meine Größensituation und ähnliches. Und dann bewerte ich, was am besten passt. Wenn es sich beispielsweise um eine größere Firma handelt, und der Teil den man agil macht homogen ist, ein anderer Teil der Firma aber einen anderen Hintergrund hat, dann mag für diesen zweiten Teil klassisches Projektmanagement vielleicht sinnvoller sein. Wichtig ist also ein systematische Health Check, der herausfiltert, was am besten zur aktuellen Situation der Firma passt.

MS: Wie wichtig schätzen Sie Faktoren wie Kommunikation oder mögliche Barrieren bei der Einführung von einer Projektmanagement-Methode ein?

TG: Ich glaube, dass eine klassische Methode schwerer einzuführen ist als eine agile Methode. Ich denke, eine agile Methode ist leichter einzuführen, weil es weniger zu erlernen gibt, die Hürde geringer ist. Jeder sagt wahrscheinlich gerne: „ich bin agil" während niemand gerne sagt: „Ich bin nicht agil". Aber: Dinge müssen im Sprint eigentlich immer eingehalten werden, wodurch Überstunden oder Wochenendarbeit entstehen können. Agil nutzt also ein geringes Regel-Set, das aber diszipliniert eingehalten werden muss. Viele Menschen die agil einführen denken, sie können von diesem kleinen Regel-Set noch etwas wegnehmen. Auf den ersten Blick erscheint das dann erst einmal einfach, auf den zweiten Blick muss man sich aber doch an strenge Regeln halten. Dinge wie Daily Standups stellen auch eine Form von Micro-Management dar. Scrum ist ein kurzfristiges Feedbackmodell, in dem es wenig zeitlichen Spielraum für die Mitarbeiter gibt – das muss man nicht mögen.

MS: Damit geht ja auch eine hohe Kontrolle einher.

TG: Genau – nehmen Sie mal Scrum weg. Das ist mehr eine Führungsdiskussion. Stellen Sie sich vor Sie haben einen Chef, der will, dass Sie jeden Morgen berichten, was Sie gestern gemacht haben und was Sie

heute vorhaben. Da würden viele Menschen sagen, das ist ja ein hochgradig kontrollfixierter Micro-Manager. Der gibt mir keinen persönlichen Spielraum. Aber mit Daily Standups passiert unter dem Namen der Agilität genau das. Für mich ist das Fazit also: Es kommt auf die Situation und die Umfeldbedingungen an. Es gibt Bereiche, in denen das sehr gut funktioniert. Und es gibt Situationen, in denen diese Vorgehensweise wahrscheinlich suboptimal ist.
MS: Herr Greb, vielen Dank für Ihre Zeit und die Unterstützung!

Experteninterview Prof. Dr. Eckhart Hanser/ Maren Sellmann vom 18. September 2017

Transkription des Gespräches zwischen Prof. Dr. Eckhart Hanser, Sprecher der GI-Fachgruppe Vorgehensmodelle für die betriebliche Anwendungsentwicklung und Leiter des Kompetenzzentrums für agile IT-Prozesse an der Dualen Hochschule Baden-Württemberg Lörrach, und Maren Sellmann. Das Interview wurde am 18. September 2017 zwischen 11:00 Uhr und 12:15 Uhr geführt. Nachfolgend werden die Namen Eckhart Hanser mit EH und Maren Sellmann mit MS abgekürzt. Auf die Transkription von Füllwörtern und Ähnlichem wird verzichtet.

Gesprächsverlauf des Interviews

MS: Herr Dr. Hanser, wie lange und in welcher Form setzen sie sich beruflich mit Projektmanagement-Methoden auseinander?
EH: Angefangen habe ich ungefähr 1989, da habe ich ein Projekt beim Roche-Konzern in Basel in der Schweiz betreut. Dort bin ich das erste Mal mit Projektmanagement-Methoden in Verbindung gekommen und habe mir gedacht, das muss ich genauer verfolgen. Und seitdem beschäftigt mich die Thematik bis heute. Ich habe mich dann später über mehrere Jahre hinweg bei Novartis in Basel sehr stark mit dem V-Modell beschäftigt und bin darüber dann zu den agilen und hybriden Methoden gekommen. Wenn man sich wie ich sehr lange mit

klassischen und regulierten Methoden wie dem V-Modell beschäftigt, versteht man auch sehr gut, warum Entwickler irgendwann eine neue Vorgehensweise fordern. Auf der Basis des agilen Manifestes kamen ja dann die ganzen Veränderungen auf. Das war im Bereich der Projektmanagement-Methoden schon ein starker Einschnitt, Vertreter der agilen und klassischen Methoden sind häufig aneinandergeraten. Das hat sich heute zum Glück etwas entspannt. Der Umbruch war schon recht gewaltig, das muss man sagen. Ich habe auch selbst eine agile Methode entwickelt, das sogenannte MAP (Meta Agile Process Model), ich gehe dabei noch einen Schritt weiter und nutze einen systemischen Ansatz. Den Prozess schaue ich mir gar nicht mehr so genau an, sondern ich achte darauf, dass die Zusammensetzung des Teams als wichtige Zutat zum Prozess stimmt. Der Schwerpunkt liegt meiner Meinung nach heutzutage insgesamt weniger auf agilen Methoden, sondern auf dem Projektteam. Wenn diese Leute richtig geschult sind, haben Sie einen „Werkzeugkasten" zur Verfügung und können selbstständig den Prozess designen. Das führt dann zu ganz interessanten Techniken. Denn kaum ein Unternehmen nutzt einen reinen Prozess oder nur eine Technik.

MS: Dankeschön. Sie sagten es gerade bereits: Vor 10-15 Jahren kam ja die Thematik agile Projektmanagement-Methoden auf. Wie ist Ihre Einschätzung - war dieser Hype berechtigt? Sind agile Methoden klassischen überlegen? Und wenn ja, in welcher Form?

EH: Der Hype war berechtigt. Dass agile Methoden den klassischen überlegen sind, würde ich so aber nicht direkt sagen. Es hängt wirklich vom Umfeld ab - simpel formuliert: Wenn Sie eine Bankensoftware schreiben oder sich im Pharma-Bereich bewegen, also im regulierten Umfeld, dann können Sie nicht einfach sagen, ich lasse diese Aspekte der Dokumentation weg oder pflege gewisse Dokumente nicht mehr weiter. Wenn ich in diesen Bereichen gewisse Dokumente nicht vorlegen kann, erhalte ich im Zweifelsfall eine Zulassung für ein Medikament nicht. Das heißt: Man muss immer differenzieren, was am Prozess sich agil gestalten lässt und was nicht. Eins muss ich allerdings klipp und klar sagen: Sie wissen ja, ich bin Fachgruppensprecher der Gesellschaft für Informatik zum Thema Vorgehensmodelle,

und ich denke das Rad lässt sich hier einfach nicht zurückdrehen. Die agilen Prozesse haben in der Zwischenzeit die Mehrheit weltweit erlangt. Wir haben aktuell wieder unsere HELENA-Umfrage mit mehreren Kollegen weltweit laufen, und die Vorab-Ergebnisse zeigen, dass diese agilen Techniken die Überhand gewinnen. Das liegt einfach daran, dass es in jedem Vorgehensmodell Bereiche gibt, die sich in einem gewissen Maß agil designen lassen. Die Firmen nutzen das oder setzen sich zumindest mit der Thematik auseinander. Es findet insgesamt also ein großer Umbruch statt.
MS: Vielen Dank. Was sind für Sie die zwei bis drei Vorteile von agilen Methoden? Wo sehen Sie Nachteile?
EH: Nachteile ergeben sich wie bereits thematisiert in einem regulierten Kontext. Hier sind agile Methoden schwer zu nutzen, wenn ich ein Qualitätsmanagement nach einer ISO umsetzen muss. In Teilen ist hier einfach die Dokumentation nicht umfangreich genug. Ein gewisses Grundmaß an Dokumentation benötigt man aber natürlich bei vielen Projekten. Vorteile der agilen Technik sind, dass man deutlich weniger Ärger mit einer zu umfangreichen Dokumentation hat. Ich nenne einfach ein Stichwort, welches beim V-Modell zu Problemen führt: Die Versionierung der Dokumentation. Diese muss ja jederzeit auf dem aktuellen Stand sein und entsprechend auch regelmäßig kontrolliert werden. Agile Methoden gehen in die Richtung zu sagen: Wenn ich eine funktionierende Software habe, warum brauche ich dann noch ihre Dokumentation (z.B. ein aktuelles Pflichtenheft)? Im regulierten Umfeld geht dies aber nicht. In diesem Spannungsfeld bewegen wir uns also: Ein Vorteil kann in einem bestimmten Umfeld zu einem Nachteil werden. Hiermit muss sehr pragmatisch umgegangen werden, Grabenkämpfe haben hier nichts verloren. Die heutigen Ansätze arbeiten damit, eine gesunde Mischung der Methoden zu finden, worauf wir dann ja auch später noch zu sprechen kommen.
MS: Welche Vor- und Nachteile sehen Sie in der Nutzung klassischer Methoden?
EH: Also wie gesagt, meine klassische Methode schlechthin, mit der ich gearbeitet habe, ist das V-Modell in jeglichen Ausprägungen.

Wenn man das sieht, dann ist ganz klar, dass die aufwändige Dokumentation ein Nachteil ist. Man hat sehr oft den Eindruck, ich denke auch die Firmen, dass mehr Geld mit der Dokumentation ausgegeben wird als es wirklich etwas bringt. Nutzen und Kosten der Dokumentation sind also oft in keinem Verhältnis mehr zueinander. Das findet man recht häufig, und da muss man eben ein vernünftiges Mittelmaß finden. Es ist schwierig, Dokumente immer auf dem neusten Stand zu halten – da gibt es ein paar Tricks, das automatisiert zu machen. Aber es funktioniert nicht richtig. Man hat immer eine Lücke zwischen dem was z.B. die Software tut und was in der Funktionalität beschrieben ist. Das ist nicht gut und im agilen Ansatz sagt man dann: Was soll dieses Dokument? Im klassischen Ansatz sagt man: Die Behörde, oder wer auch immer, will das, also wird es gemacht. Darüber hinaus „neigt" das klassische Projektmanagement zur zu detaillierten Beschreibung von Prozessschritten und Rollen. Ich sage zu meinen Studenten immer: Ich bilde euch hier nicht aus, damit man euch später vorschreibt wie man den Bleistift hält. Schauen Sie sich einmal die aktuelle Dokumentation vom V-Modell an, die hat fast 500 Seiten und wurde kürzlich verkürzt von 900 Seiten. Hier ist alles also sehr detailliert beschrieben, jeder einzelne Schritt. Da muss man sich schon fragen, ob das genauso durchgeführt werden muss oder ich von diesen strengen Vorgaben abweichen kann. Ich kann nur Aspekte reduzieren und gewisse Anforderungen des Modells durch Tailoring zurechtschneiden. Bei agilen Methoden geht man anders an das Projekt heran und fragt sich erst einmal, was überhaupt benötigt wird und kann auch Kompromisse schließen oder neue Rollen definieren.
MS: Sehen Sie denn Vorteile beispielsweise im Bereich der Planbarkeit klassischer Methoden?
EH: Es gibt natürlich Vorteile. Wobei man oft eine gewisse „Pseudo-Planbarkeit" hat: Ich kann es zwar planen, aber ob es eintrifft, weiß ich auch oft nicht. Ich würde da gerne ein anderes Beispiel bringen: Eine meiner Studentinnen hat mir gesagt, dass ihr im agilen Vorgehen die „Leitplanken" fehlen. Der klassische Prozess gebe ihr Sicherheit, weil er ihr sagt, wie sie sich verhalten soll. Das ist sicherlich ein klarer Vorteil. Bei der Planungssicherheit muss man immer etwas aufpassen:

Wenn ich klassische Spezifikationsdokumente und ein Handbuch darüber habe, dann schreibe ich den Projektplan, klar, dann kann ich bis zu den Arbeitspaketen herunter alles planen. Das Problem ist nur: Die Planung ist nicht unbedingt besser. Wenn ich mir am Ende die Ergebnisse zwischen agilen und klassischen Methoden bei einem gleichen Projekt ansehe, dann fällt oft auf, dass diejenigen, die klassisch geplant haben, einfach länger benötigen. Und das ist schon eine relativ typische Geschichte. Wir machen dies auch oft mit unseren Studenten: Die einen haben dann mit klassisches Methoden bis Zeitpunkt X die Dokumente geschrieben, die anderen mit agilen Methoden die Software. Das ist dann auch ein Argument am Ende des Tages.

MS: Wie schätzen Sie die aktuelle Nutzung und das Potenzial von hybriden Methoden ein?

EH: Mit dieser Thematik sind wir aktuell sehr stark in der Fachgruppe beschäftigt, auch in 2015 und 2016 haben wir unsere Tagung zu Projektmanagement und Vorgehensmodellen an dieser Thematik ausgerichtet, ebenso wie die diesjährige HELENA-Studie. Das ergibt sich für mich aus der Praxis. Wir hatten 2013 einen Referenten auf unsere Tagung der herausbekommen hat, dass viele Firmen mit agil tatsächlich eher etwas in Richtung hybride Methoden meinen und sich dabei nicht wirklich auf das agile Manifest berufen. Das Problem in der Fachgruppe ist die Unterteilung in den praktischen und den akademischen Teil der Mitglieder. Ich als Akademiker muss dann sagen: Das ist nicht agil, weil es nicht dem agilen Manifest gehorcht. Das ist mehr der umgangssprachliche Begriff agil, den ihr meint. Die Unternehmensvertreter sagen in der Regel: Ja schön, ist mir eigentlich egal, ich muss ein Projekt bearbeiten, und das möglichst erfolgreich. Ich habe keine Zeit, mich auf die Theorie zu stützen. Der Ausweg aus dem Dilemma war die Erfindung des Begriffes „Hybrid". Wir haben die beiden Pole klassische und agile Ansätze. Und wenn sich die Praktiker immer irgendwo in der Mitte tummeln, dann nennen wir es doch einfach mal hybrid. Wir haben uns bei der aktuellen Helena-Studie dann aber auch einmal Gedanken gemacht, was denn eigentlich hybrid ist. Viele sehen es so wie Sie es sagen: agil mit klassischen Elementen. So meinen es auch die meisten Leute. Ich möchte aber sagen, dass man auch agile Methoden kombinieren und dies hybrid nennen kann. Ich arbeite zum Beispiel schon seit Jahren mit einer Mischung aus Scrum und Kanban. Insgesamt sehe ich die Tendenz, dass man in vielen Unternehmen nicht mehr ein Modell vorgibt, sondern auch Freiheiten lässt und nur gewisse Dokumente zwingend fordert. Das ist dann eigentlich auch die hybride Idee.

MS: In Ordnung, Dankeschön. Wo sehen Sie denn Vor- und Nachteile hybrider Methoden?

EH: Ich sehe hier wenig Nachteile, wichtig ist aber, dass man einen breiten Erfahrungsschatz im Bereich der Projektmanagement-Methoden hat. Ich nehme mir hier aus beiden Welten das Beste heraus, was dann für jedes Projekt individuell geprüft werden muss. Genauso gehen aber auch die Firmen an die Thematik heran, wie unsere HELENA-Studien aus den letzten Jahren gezeigt haben. Die Leute sind dann oft von einer agilen Idee gestartet, haben aber festgesetzt, dass auch ein Qualitätsmanagement benötigt wird. Umgekehrt ist es natürlich auch viel schwerer, ich kann schlecht vom V-Modell ausgehen und sagen, dass ich dort agile Elemente einbaue. Fakt ist auf jeden Fall: Der hybride Begriff ist in keiner Weise geschützt, sondern besagt einfach nur: Wir mischen Methoden. Während agil in der reinen Form ganz klar gedeckt ist durch das agile Manifest. Und das V-Modell natürlich durch die V-Modell Webseite – wenn ich hier außerhalb der Grenzen arbeite, ist es kein V-Modell mehr.

MS: Gibt es für Sie hybride Modelle, die Sie besonders hervorheben würden? Oder würden Sie sagen, dass dies projektabhängig zu sehen ist?

EH: Zwei habe ich ja schon erwähnt. Das eine ist: Ich nehme ein agiles Modell, zum Beispiel Scrum, und ergänze es um eine klassische Qualitätssicherung. Das ist schon ein Hybrid, denn man häufiger sieht – weil er einfach Sinn ergibt. Wie gesagt mein Lieblingshybrid ist sicherlich Kanban und Scrum, aber bitte nicht mit Scrumban verwechseln. Ich nenne es auch Kanban-Scrum, und natürlich verheirate ich das Ganze noch mit meinem MAP. Denn das ist ja im Grunde genommen nicht ein Prozess, sondern sorgt dafür, dass die richtigen Leute mit den richtigen psychologisch-sozialen (ich sage: „sozietären“) Eigenschaften zusammenkommen. Denn das ist ganz wichtig bei agilen Techniken: Wenn Sie nicht die richtigen Leute im Team haben, dann geht es nicht. Das hat wieder mit diesen Leitplanken zu tun, von denen ich eben gesprochen habe, die ja im agilen einfach nicht da sind. Ich schaue, dass die Teams richtig zusammengesetzt sind und dass sie in sich geschlossenen Projekte mit einer agilen Methode wie z.B. Scrum machen. Ich schaue mir aber auch die ganze Entwicklungsabteilung an, weil die Leute die z.B. ein Projekt mit Scrum machen, oft auch noch durch Altprojekte belastet sind. Hierfür hat sich das Kanban-Board als Lösung prädestiniert. Und wenn ich darüber noch ein Qualitätsmanagementsystem setze, dann habe ich aus meiner Sicht das optimale hybride Modell.

MS: Wenn Sie eine Einordnung treffen sollten, für welche Branchen oder Unternehmen sich agiles, klassisches oder hybrides Projektmanagement jeweils besonders gut eignet, wie sähe diese aus?

EH: Also ganz ehrlich: Vor Jahren hätte ich Ihnen ganz klare Branchen sagen können, heute glaube ich es ist eher projektabhängig. Dabei gibt es aber schon klare Tendenzen: Im Bereich von Pharma, Militär, bei Banken, haben wir ein sehr reguliertes Umfeld, in dem wir mit hybriden und agilen Methoden Probleme haben. In der Zwischenzeit merke ich aber, dass auch aus diesen Branchen die Anfragen kommen. Ich glaube einfach nicht mehr, dass man diese Beschränkungen aufrechterhalten kann. Vielfach geht es dort dann auch in Richtung hybrid und die Denkweise ist: Was wir hier intern machen, ist unsere Sache, die Behörde verlangt aber bestimmte Prozessschritte und Dokumente, die wir liefern. Dann sind wir bei einem hybriden Ansatz. Reines Scrum werden die wohl nie tun, einfach, weil sie es nicht dürfen. Vor fünf Jahren hätte ich Ihnen hier noch eine ganz andere Antwort gegeben. Ich bekomme mittlerweile aus allen Bereichen Anfragen, zum Beispiel kommt agil ja eigentlich aus der Entwicklung, ich habe aber bei einem großen Medizintechnik-Hersteller eine Schulung gemacht, bei der es um Marketing ging. Da war ich auch überrascht. Ich komme immer mehr zu der Idee, dass es viele sehr gut ausgebildete Menschen gibt, die viele Techniken kennen und diese weitestgehend in ihr tägliches Business aufnehmen wollen. Wenn Sie sich von unserer Tagung alte Paper angucken, aus 2006, 2007 oder 2008, dann werden Sie erschrecken, wie groß zu dieser Zeit noch die Nutzung klassischer Methoden war. Das ist einfach ein starker Trend hin zu agilen Methoden den wir momentan beobachten, und den wir auch versuchen zu verstehen.

MS: Gibt es aus Ihrer Sicht oder Erfahrung Best Practices, wenn Unternehmen sich von einer Projektmanagement-Methode hin zu einer anderen orientieren möchten?

EH: Meiner Meinung nach muss man hier zwei wichtige Faktoren berücksichtigen. Einerseits muss das Management einbezogen werden. Was ich nicht mehr glaube ist, dass man aus den Entwicklern heraus neue Methoden einführen kann, wenn das Management nicht dahintersteht. Deutlich erfolgreicher ist, wenn das Management hinter dem Change steht. Denn eines ist klar: Man wird nicht immer gleich eine neue Methode anwenden können und die funktioniert auf Anhieb. Sondern man muss auch immer einen Anpassungs- und Übergangsbedarf einplanen. Es muss möglich sein, dass man jemanden, der den Mut hat, neue Wege zu gehen, nicht bestraft, wenn nicht alles direkt zu Beginn klappt. Das zweite was wichtig ist, ist das Coaching. Denn der Coach sollte von außen in das Unternehmen hineinkommen und hat so gegenüber dem Management und den Mitarbeitern einen ganz anderen Stellenwert als die eigenen Leute. Sicherlich hat ein Coach auch größere Erfahrungen bei der Einführung neuer Methoden. Es sollten mindestens ein paar Tage Workshop eingeplant werden und im Optimalfall auch ein Mentoring- oder Coaching-Programm für den Anschluss. Nur aus Büchern heraus sich die Informationen zu ziehen oder einen Studenten im Rahmen seiner Master- oder Bachelorarbeit auf das Thema anzusetzen, wird nicht funktionieren. Hierbei muss uns aber immer klar sein, dass wir die Firmenstrukturen verändern. Unternehmen ändern sich und Vorgehensmodelle ebenfalls. Man merkt, wenn man sich lange Jahre mit der Thematik beschäftigt, dass es wichtigere Dinge als den sturen Prozessglauben gibt, dem wir Deutschen ja oft anhängen. Im Grunde genommen kommt es weniger auf die Prozessfähigkeiten an, sondern mehr auf die richtigen Leute –

denn ohne Sie funktioniert der Prozess nicht. Wichtig ist für Unternehmen, Veränderungen nicht einfach durchzuführen, sondern immer die Ansprechpartner und Stakeholder einzubeziehen und Teams richtig zusammenzustellen. So ist es relevant, dass Sie in einer Gruppe eine kritische Person haben, die Dinge hinterfragt und auf eine gewisse Qualität pocht. Wenn Sie zwei kritische Personen haben, kann es aber auch wieder zu Schwierigkeiten kommen. Nur durch die Veränderung der Projektbesetzung verändere ich tatsächlich auch das Projektergebnis oder das Produkt. Wenn ein Team nicht optimal zusammengesetzt ist, ist ein klassisches Modell aber oft von Vorteil, weil die Leute über diverse Checkout-Sheets und Prozesse gezwungen werden über Dinge nachzudenken, die sie sonst vielleicht vergessen würden. Ich glaube, dass der Fokus auf die Modellansätze mittlerweile gar nicht mehr so richtig relevant ist, denn auf Dauer werden diese sicherlich alle hybrid. Das Management der Stakeholder und das Wissensmanagement auf dem Gebiet werden aber immer wichtiger, das strenge Schritt-für-Schritt einen Prozess durchzugehen wird immer weniger relevant. Schauen Sie sich zu diesem Thema auch noch einmal die ISO 9000 an, und wie Unternehmen damit umgehen. Man stellt sich Fragen wie: Muss die Zeichnung des technischen Zeichners freigegeben werden, die für ihn eine alltägliche Aufgabe ist? Brauche in ein Qualitätsmanagementsystem, wenn meine Leute keine Fehler machen? Und wenn meine Mitarbeiter nur wenige Fehler machen, lohnt sich dann ein Qualitätsmanagementsystem? Vielleicht landet ja auch mit Qualitätssicherungssystem ein Fehler beim Kunden. Manche Unternehmen sind hier natürlich streng reguliert, wie bereits besprochen. Wenn ich in Unternehmen hineingehe, rühre ich nicht an den Grundpfeilern. Aber auch dort muss man sich natürlich regelmäßig fragen, ob man Dinge verändern muss, um Wettbewerbsvorteile zu generieren. Am Ende kann man ein Vorgehensmodell aufbauen, hat aber nie eine Garantie, dass es funktioniert. Viele Firmen drehen den Spieß um und sagen: Wir nutzen ein bestimmtes Modell, und dann werden unsere Produkte gut. Zu meinen Studenten sage ich immer: Die Tatsache, ein gutes Prozessmodell zu benutzen, sagt

nichts darüber aus, ob das Produkt gut ist – es steigert nur die Wahrscheinlichkeit. Und das muss uns einfach klar sein. Mein systematischer Ansatz MAP sucht sich die richtigen Leute und lässt diese in Ruhe arbeiten. Ich formuliere dann aber gewisse Dokumente, die ich als Output, als Produkt haben möchte. Das scheint mir, je länger ich darüber nachdenke, der Königsweg zu sein. Dazu gehört aber, dass den Mitarbeitern alle Werkzeuge im Bereich der Projektmanagement-Methoden bekannt sind. In diese Richtung müssen wir weiterdenken.
MS: Herr Dr. Hanser, vielen Dank für Ihre Zeit und die Unterstützung!

Anhang C: Inhaltsanalyse nach Mayring

Die transkribierten Interviewdaten wurden in Anlehnung an Mayring analysiert. Die folgenden Tabellen zeigen die Ergebnisse der Auswertung. Nach Transkription der relevanten Aussagen erfolge die Paraphrasierung. Im zweiten Schritt wurden mit Hilfe einer Generalisierung Kurzformen der Inhalte erarbeitet. Im Zuge der Reduktion wurden ähnlichen Aussagen zusammengefasst.

Kategorie 1: Adaptivität agiler Methoden / Umgang mit hoher Change-Frequenz				
Seite	Transkription	Paraphrasierung	Generalisierung	Reduktion
	AV: Zur ursprünglichen Frage zurück: als Vorteil agiler Methoden sehe ich den Umgang mit unklaren Aufgaben bei klaren Zielen. (...) Wenn die Anforderungen dabei noch nicht ganz klar sind, dann ist agil oft eine bessere Methode sich an die Detailaufgaben heranzutasten. (…) Weiterer Vorteil ist bei agilen Methoden die Eignung für Projekte mit hoher Change-Frequenz: ich nutze es also dann, wenn ich weiß, dass mein Auftraggeber häufig seine Meinung ändert, (siehe „scopecreep" - der Auftraggeber fordert ständig neue, zusätzliche Funktionen und gibt das Projekt nicht frei.)	Als Vorteil agiler Methoden sehe ich den Umgang mit unklaren Aufgaben bei klaren Zielen. Bei unklaren Anforderungen ist agil oft eine bessere Methode sich an die Detailaufgaben heranzutasten. Weiterer Vorteil ist bei agilen Methoden die Eignung für Projekte mit hoher Change-Frequenz, wenn ich weiß, dass mein Auftraggeber häufig seine Meinung ändert	Vorteil agiler Methoden ist der Umgang mit unklaren Anforderungen bei vorgegebenen Zielen und die Eignung für Projekte mit hoher Change-Frequenz.	Adaptivität agiler Methoden / Umgang mit hoher Change-Frequenz
	HN: Vorteil sehe ich in der Adaptivität auf sich verändernde Rahmenbedingungen, das ist denke ich einleuchtend, denn das ist, worum es immer geht.	Vorteile sehe ich in der Adaptivität auf sich verändernde Rahmenbedingungen, das ist, worum es immer geht.	Vorteile sehe ich in der Adaptivität auf sich verändernde Rahmenbedingungen.	Adaptivität agiler Methoden / Umgang mit hoher Change-Frequenz
	TG: Vorteil ist, dass auf unterschiedliche kurzfristige Anforderungen oder Umfeldänderungen flexibel reagiert werden kann.	Vorteil ist, dass auf unterschiedliche Anforderungen und Umfeldänderungen flexibel reagiert werden kann.	Auf Umfeldänderungen und Anforderungen kann flexibel reagiert werden.	Adaptivität agiler Methoden / Umgang mit hoher Change-Frequenz

	EH: Vorteile der agilen Technik sind, dass man deutlich weniger Ärger mit einer zu umfangreichen Dokumentation hat. Ich nenne einfach ein Stichwort, welches beim V-Modell zu Problemen führt: Die Versionierung der Dokumentation. Diese muss ja jederzeit auf dem aktuellen Stand sein und entsprechend auch regelmäßig kontrolliert werden. Agile Methoden gehen in die Richtung zu sagen: Wenn ich eine funktionierende Software habe, warum brauche ich dann noch ihre Dokumentation (z.B. ein aktuelles Pflichtenheft)?	Vorteil agiler Methoden ist, dass man weniger Ärger mit einer umfangreichen Dokumentation hat. Versionierungen der Dokumentation sind kein Thema. Agilen Methoden reicht eine funktionierende Software, Dokumentation rückt in den Hintergrund.	Vorteil agiler Methoden ist der Fokus auf eine funktionierende Software, weg von zu umfangreicher Dokumentation.	Adaptivität der Software ermöglicht effizientere Arbeit

Tabelle 1: Kategorie 1

Kategorie 2: Planbarkeit				
Seite	Transkription	Paraphrasierung	Generalisierung	Reduktion
	AV: Hauptvorteil ist natürlich die Planbarkeit und die Planung an sich. Ich weiß, was ich wann in Produktion bringe. Ich erhalte im klassischen Projektmanagement nachvollziehbare Ergebnisse und ich kann die Zielerreichung aufzeigen Wenn der Kunde zur Hälfte der Projektlaufzeit fragt, ob ich fertig werde und er alle Funktionen erhält, die er benötigt, dann kann ich ihm die Frage beantworten. Ich habe alles verplant und kenne die Menge der geschätzten Aufwände, ich weiß, wie viel Prozent der tatsächlichen Arbeit ich erledigt habe (Bezogen auf die Nutzung der earnedvalue Methode). Bei agilen Methoden, je nachdem welche Methode Sie verwenden, sagt die Bearbeitung der Hälfte aller Einträge des productbacklogs nicht unbedingt viel aus, da die andere Hälfte möglicherweise noch nicht ausformuliert ist und ich noch nicht weiß, was dahintersteckt.	Hauptvorteil ist natürlich die Planbarkeit und die Planung an sich. Ich weiß, was ich wann in Produktion bringe. Ich erhalte im klassischen Projektmanagement nachvollziehbare Ergebnisse und ich kann die Zielerreichung aufzeigen. Ich kenne die Menge der geschätzten Aufwände, ich weiß, wie viel Prozent der tatsächlichen Arbeit ich erledigt habe.	Hauptvorteile sind die Planbarkeit und die Möglichkeit, den Grad der Zielerreichung aufzuzeigen, da Aufwände klar ablesbar sind.	Gute Planbarkeit klassischer Methoden

	HN: Meine Meinung ist, dass sich klassische Projektmanagement-Methoden insbesondere dort eignen, wo man in einem sicheren Umfeld ist und ein klares Projektziel hat. Wo man Projekte schon etliche Male durchgeführt hat, in der gleichen oder einer vergleichbaren Form. Dann sind diese Methoden hervorragend geeignet, um ein Projekt gut durchzuführen.	Klassische Projektmanagement-Methoden eignen sich dort, wo man in einem sicheren Umfeld ist und ein klares Projektziel hat, wo man Projekte schon etliche Male durchgeführt hat.	Klassische Projektmanagement-methoden eignen sich in einem sicheren Umfeld mit klaren Projektzielen.	Gute Planbarkeit klassischer Methoden
	TG: Vorteil ist die Vorausplanbarkeit und die Kompatibilität mit Business Cases, dass man abhängige Aspekte, wenn Sie also beispielsweise auf Basis eines Produktes eine Marketingkampagne starten wollen, gut planen kann. Wenn Sie so etwas agil machen kann es sein, dass das Marketing losläuft, das Produkt zum Termin, an dem Sie die Bewerbung starten wollen, aber noch gar nicht fertig ist. Oder völlig andere Features aufweist.	Vorteil ist die Vorausplanbarkeit und die Kompatibilität mit Business Cases, dass man abhängige Aspekte gut planen kann. Wenn Sie so etwas agil machen kann es sein, dass das Marketing losläuft, das Produkt zum Termin, an dem Sie die Bewerbung starten wollen, aber noch gar nicht fertig ist. Oder völlig andere Features aufweist.	Vorteil ist die Vorausplanbarkeit abhängiger Aspekte. Im agilen Bereich kann es hier zu Schwierigkeiten kommen.	Gute Planbarkeit klassischer Methoden

	EH: Es gibt natürlich Vorteile. Wobei man oft eine gewisse „Pseudo-Planbarkeit“ hat: Ich kann es zwar planen, aber ob es eintrifft, weiß ich auch oft nicht. Ich würde da gerne ein anderes Beispiel bringen: Einer meiner Studenten hat mir gesagt, dass ihr im agilen Vorgehen die „Leitplanken“ fehlen. Der klassische Prozess gebe ihr Sicherheit, weil er ihr sagt, wie sie sich verhalten soll. Das ist sicherlich ein klarer Vorteil. Bei der Planungssicherheit muss man immer etwas aufpassen: Wenn ich Spezifikationsdokumente und ein Handbuch darüber habe, dann schreibe ich den Projektplan, klar, dann kann ich bis zu den Arbeitspaketen herunter alles planen. Das Problem ist nur: Die Planung ist nicht unbedingt besser. Wenn ich mir am Ende die Ergebnisse zwischen agilen und klassischen Methoden bei einem gleichen Projekt ansehe, dann fällt oft auf, dass diejenigen, die klassisch geplant haben, länger benötigen.	Bei klassischen Methoden hat man eine gewisse „Pseudo-Planbarkeit“, man kann zwar gut planen, aber ob dies auch eintrifft, ist immer unklar. Ich kann Arbeitspakete im Voraus gut planen, die Planung ist aber nicht unbedingt besser. Im Vergleich zu agilen Methoden fällt oft auf, dass ein Projekt mit klassischer Planung länger dauert.	Klassische Methoden besitzen eine Pseudo-Planbarkeit, die man im Voraus gut planen kann, von der man aber nie weiß, ob sie eintritt. Agile Projekte sind häufig schneller umzusetzen.	Pseudo-Planbarkeit klassischer Methoden

Tabelle 2: Kategorie 2

Kategorie 3: Nutzung hybrider Methoden				
Seite	Transkription	Paraphrasierung	Generalisierung	Reduktion
	AV: Hybride Methoden sind meiner Meinung nach ein Hilfskonstrukt, um agile Arbeitsweisen in klassisch geplante Unternehmen einzubauen. So gesehen sollten hybride Verfahren eigentlich ein Übergangsthema sein, für ein paar Jahre beispielsweise. Und dann sollte man sich schon überlegen, in welche Richtung man im jeweiligen Unternehmen gehen will – denn hybrid bedeutet immer Mehraufwand. Sie haben dann schicke Konstrukte, dass Sie Ihre Scrum Master und den Product Owner haben, und dann gibt es trotzdem noch einen Projektleiter der die monatlichen Statusberichte für das Management ausfüllen muss. Das ist einfach ein Mehraufwand. Die Nutzung hybrider Modelle in der Praxis ist aber hoch, fast alle Unternehmen, die in Richtung agil denken, fangen de facto hybrid an.	Hybride Methoden sind meiner Meinung nach ein Hilfskonstrukt, um agile Arbeitsweisen in klassisch geplante Unternehmen einzubauen. So gesehen sollten hybride Verfahren eigentlich ein Übergangsthema sein, denn hybrid bedeutet immer Mehraufwand. Die Nutzung hybrider Modelle in der Praxis ist aber hoch, fast alle Unternehmen, die in Richtung agil denken, fangen de facto hybrid an.	Hybride Methoden sind ein Hilfskonstrukt für Unternehmen, die vom klassischen zum agilen Projektmanagement wechseln wollen. Die Nutzung in der Praxis ist hoch, bedeutet aber einen Mehraufwand.	Nutzung hybrider Methoden wächst, aber oft Mehraufwand

	HN: Ich denke, es (Anm.: Die Nutzung hybrider Methoden) wird mehr werden. Das hat viel damit zu tun, dass Unternehmen schon die existierenden Regelwerke haben und dann rein agil nicht so durchzuführen wäre, wie man das vielleicht möchte. Da gibt es ja immer Rahmenbedingungen, an die man sich halten muss. Aber Studien haben auch belegt, dass es trotzdem erfolgreicher ist, agil und klassisch zu kombinieren, als nur eine klassische Methode zu verwenden. Deshalb denke ich, dass sich dieser Erfolg nachhaltig durchsetzen wird.	Ich denke, die Nutzung hybrider Methoden wird mehr werden. Dies liegt an existierenden Regelwerken, die kaum veränderbar sind. Kombinationen aus agilen und klassischen Methoden sind nachweislich erfolgreicher, daher wird sich dieser Erfolg wohl durchsetzen.	Die Nutzung hybrider Methoden steigt, weil rein agile Tätigkeit oft nicht umsetzbar ist, agile Elemente aber Vorteile bringen.	Nutzung hybrider Methoden wächst

	TG: Ich denke, das (die Nutzung hybrider Methoden) ist etwas, was in größeren Projekten häufig zum Einsatz kommt. Es gibt auch eine Studie vom CMMI Institute, wo im Prinzip die höchste Erfolgsmethode bei hybriden PM-Methoden lag. Wie stark man solchen Statistiken glauben mag, ist dann natürlich immer die Frage. Meiner Meinung nach, wird die Nutzung zukünftig immer mehr werden, weil es Teile gibt, die man nicht agil machen möchte, kann oder darf, und weil aber gleichzeitig agil in vielen Bereichen Vorteile hat. Die Frage ist immer, wie homogen ist eine Aktivität – je größer sie wird, umso schwieriger ist die Umsetzung mit agilen Methoden. Denn Scrum-Teams sind ja häufig nur mit 8-12 Personen besetzt, und dann darf das zu betreuende Projekt natürlich nicht zu groß sein. Insgesamt glaube ich, dass die hybride Entwicklung sinnvoll ist.	Ich denke, dass hybride Methoden in größeren Projekten häufig zum Einsatz kommen. Es gibt Studien, nach denen die höchste Erfolgsmethode bei hybriden PM-Methoden lag. Meiner Meinung nach wird die Nutzung immer mehr werden, weil es Teile gibt, die man nicht agil machen möchte, kann oder darf, und weil aber gleichzeitig agil in vielen Bereichen Vorteile hat. Insgesamt glaube ich, dass die hybride Entwicklung sinnvoll ist.	Hybride Methoden kommen häufig in großen Projekten zum Einsatz. Die Nutzung wird immer mehr werden, weil es Teile gibt die man nicht agil machen kann oder möchte, agil aber insgesamt viele Vorteile hat.	Nutzung hybrider Methoden wächst

	EH: Das ergibt sich für mich aus der Praxis. Wir hatten 2013 einen Referenten auf unsere Tagung der herausbekommen hat, dass viele Firmen mit agil tatsächlich eher etwas in Richtung hybride Methoden meinen und sich dabei nicht wirklich auf das agile Manifest berufen. Das Problem in der Fachgruppe ist die Unterteilung in den praktischen und den akademischen Teil der Mitglieder. Ich als Akademiker muss dann sagen: Das ist nicht agil, weil es nicht dem agilen Manifest gehorcht. Das ist mehr der umgangssprachliche Begriff agil, den ihr meint. Die Unternehmensvertreter sagen in der Regel: Ja schön, ist mir eigentlich egal, ich muss ein Projekt bearbeiten, und das möglichst erfolgreich. Ich habe keine Zeit, mich auf die Theorie zu stützen. Der Ausweg aus dem Dilemma war die Erfindung des Begriffes „Hybrid". Wir haben die beiden Pole klassische und agile Ansätze. Und wenn sich die	Steigende Nutzung hybrider Methoden ergibt sich aus der Praxis. Viele Unternehmen meinen mit agil hybride Methoden, da sie sich nicht auf das agile Manifest berufen. Hybrid bewegt sich zwischen den Polen klassischer und agiler Ansätze, und genau hier tummeln sich viele Praktiker.	Steigende Nutzung hybrider Methoden ergibt sich, da die Praktiker mit agilen Methoden häufig eher hybride Ansätze meinen und dadurch viel hybrid gearbeitet wird.	Nutzung hybrider Methoden wächst

	Praktiker immer irgendwo in der Mitte tummeln, dann nennen wir es doch einfach mal hybrid.			

Tabelle 3: Kategorie 3

Kategorie 4: Potenziale hybrider Methoden				
Seite	Transkription	Paraphrasierung	Generalisierung	Reduktion
	AV: Hybrid ist ein Sammelbegriff für alles, was nicht sauber abgegrenzt ist und somit für fast alles, was Sie im Unternehmensalltag finden. Vorteile könnten sein, dass Sie das Beste aus beiden Welten bekommen. Nachteile sind, dass Sie die Potenziale von klassisch oder agil gar nicht voll ausnutzen können.	Vorteil ist, dass Sie bei hybriden Methoden das Beste aus beiden Welten bekommen. Nachteile sind, dass Sie die Potenziale von klassisch oder agil nicht voll ausnutzen können.	Hybrid bündelt das Beste aus beiden Welten, aber Potenziale werden nicht voll ausgeschöpft.	Potenziale werden durch hybrid nicht voll ausgeschöpft
	HN: Vorteil ist, dass man sich das Beste der Methoden aus allen Welten zusammensuchen kann. Wenn man weiß, wie dies funktioniert, halte ich das für eine gute Idee. Der Nachteil ist, dass man so leicht Mischformen implementiert hat, die gar nicht auf die Werte und die Philosophie aus dem Scrum-Teil oder dem agilen Teil abzielen, und man dadurch die Effekte nicht ausschöpfen kann, die Erwartungshaltung aber trotzdem da ist, dass jetzt alles besser wird.	Vorteil ist, dass man das Beste aus allen Welten nutzen kann, sofern man damit umzugehen weiß. Sonst können Effekte eventuell nicht ausgenutzt werden, obwohl eine Erwartungshaltung da ist.	Hybrid bündelt die Vorteile aus den Welten, sofern man sich mit den Methoden auskennt.	Das Beste aus den Welten wird genutzt

	TG: Der Vorteil ist, dass man für Teilbereiche von Projekten jeweils das Passende machen kann.	Vorteil ist, dass man für Teilbereiche von Projekten das Passende machen kann.	Hybrid ermöglicht die passgenaue Nutzung von Methoden	Das Beste aus den Welten wird genutzt
	EH: Ich nehme mir hier aus beiden Welten das Beste heraus, was dann für jedes Projekt individuell geprüft werden muss. Genauso gehen aber auch die Firmen an die Thematik heran, wie unsere HELENA-Studien aus den letzten Jahren gezeigt haben. Die Leute sind dann oft von einer agilen Idee gestartet, haben aber festgesetzt, dass auch ein Qualitätsmanagement benötigt wird. Umgekehrt ist es natürlich auch viel schwerer, ich kann schlecht vom V-Modell ausgehen und sagen, dass ich dort agile Elemente einbaue.	Ich nehme aus beiden Welten das Beste heraus, muss dies aber auch für jedes Projekt individuell überprüfen. Oft wird von einer agilen Idee aus gestartet und klassische Elemente werden hinzugefügt. Umgekehrt ist es schwieriger.	Hybrid ermöglicht die Nutzung der besten Aspekte aus beiden Welten.	Das Beste aus den Welten wird genutzt

Tabelle 4: Kategorie 4

Kategorie 5: Regulierung von Projekten				
Seite	Transkription	Paraphrasierung	Generalisierung	Reduktion
	AV: Bei großen, verketteten Projekten kann eine agile Vorgehensweise ein Albtraum sein. Bei unabhängigen IT-Produkten kann eine agile Vorgehensweise wunderbar sein. Auch wenn eine hohe gesetzliche Reglementierung vorliegt (bspw. Medizin, Finanzindustrie), sind agile Methoden schwierig umzusetzen, hier liegen historisch häufig auch verkettete, voneinander abhängige Systeme vor.	Bei großen Projekten ist eine agile Vorgehensweise schwierig, Auch bei hoher gesetzlicher Reglementierung sind agile Methoden schwierig umzusetzen, hier liegen auch oft verkettete, voneinander Abhängige Systeme vor.	Bei großen, stark regulierten Projekten muss auf klassische Methoden zurückgegriffen werden, oder bei verketteten, abhängigen Systemen.	Bei Regulierung auf klassisches Projektmanagement zurückgreifen

	TG: Außerdem müssen auch gesetzliche Regulierungen betrachtet werden, wenn wir uns zum Beispiel den Pharma- oder Luftverkehrsmarkt ansehen. Hier gibt es hochgradige Dokumentations- und Nachweisanforderungen, wenn Sie die Spezifikation oder die Testreihe nicht nachweisen können, weil Sie beispielsweise die User Stories weggeworfen haben, so wird das Medikament oder das Bauteil sicherlich nicht zugelassen werden. Bei Einschränkungen was die Dokumentation angeht, muss man also häufig auf agile Elemente verzichten.	Gesetzliche Regulierungen müssen betrachtet werden, beispielweise im Pharma- oder Luftverkehrsmarkt. Hier gibt es hochgradige Dokumentations- und Nachweisanforderungen, wenn Sie die Spezifikation oder die Testreihe nicht nachweisen können, so wird das Medikament oder das Bauteil sicherlich nicht zugelassen werden. Bei Einschränkungen was die Dokumentation angeht, muss man also häufig auf agile Elemente verzichten.	Bei gesetzlichen Regulierungen, hochgradigen Dokumentations- und Nachweisanforderungen kann es zu Problemen bei der Zulassung kommen, wenn die Dokumentation nicht ausreichend ist. Hier muss auf agile Elemente verzichtet werden.	Bei Regulierung auf klassisches Projektmanagement zurückgreifen

	EH: Es hängt wirklich vom Umfeld ab – simpel formuliert: Wenn Sie eine Bankensoftware schreiben oder sich im Pharma-Bereich bewegen, also im regulierten Umfeld, dann können Sie nicht einfach sagen, ich lasse diese Aspekte der Dokumentation weg oder pflege gewisse Dokumente nicht mehr weiter. Wenn ich in diesen Bereichen gewisse Dokumente nicht vorlegen kann, erhalte ich im Zweifelsfall eine Zulassung für ein Medikament nicht. Das heißt: Man muss immer differenzieren, was am Prozess sich agil gestalten lässt und was nicht.	Je nach Umfeld muss auf klassische Projektmanagement-Methoden zurückgegriffen werden, beispielsweise im Banken- oder Pharmabereich. Hier ist die umfassende Dokumentation wichtig, um beispielsweise die Zulassung für ein Medikament zu erhalten.	Im regulierten Umfeld muss auf klassische Methoden zurückgegriffen werden.	Bei Regulierung auf klassisches Projektmanagement zurückgreifen

Tabelle 5: Kategorie 5

Kategorie 6: Änderungsbereitschaft / Teams / Führungskräfte / Unternehmenskultur				
Seite	Transkription	Paraphrasierung	Generalisierung	Reduktion
	AV: Als zweiten relevante Punkt sehe ich mögliche Barrieren an, die vorhanden sind. Hierüber sollte man sich Gedanken machen, zum Beispiel bezüglich der Supporteinheiten oder Unternehmensprozesse: Rechtsabteilung oder andere Stabseinheiten (Einkauf, Projektportfoliomanagement und andere), die alle irgendwelche Vorgaben machen, und alle nicht agil arbeiten und nicht an morgendlichen Scrum-Meetings teilnehmen können/wollen/werden. Hier muss man überlegen, wie man damit umgeht und dies kompatibel macht. (…) Der dritte große Block ist das Thema Unternehmenskultur und wie Führungskräfte über agil denken. (…) Sie haben eine geringere organisatorische Beweglichkeit mit den ganzen Stabsstellen, die Machtverlust befürchten, und die unternehmerische Verantwortung ist gering, weil jeder nur für sich und seinen Bereich denkt. Das widerspricht natürlich auch agilen Werten. Sie benötigen Leute von unten, die	Man muss überlegen, wie man andere Einheiten einbindet, die nicht agil arbeiten. Wichtig sind auch die Unternehmenskultur und die Führungskräfte, Bereiche dürfen nicht nur für sich selbst denken, da das agilen Werten auch entgegensteht. Man benötigt Unterstützung aus allen Unternehmensbereichen, vor allem auch von Seite der Führungskräfte, die in einer agilen Organisation eine eher unterstützende Rolle einnehmen.	Das gesamte Unternehmen muss in agile Prozesse eingebunden werden und die Organisation muss als Ganzes wahrgenommen werden. Führungskräfte müssen Wandel unterstützen.	Unternehmenskultur, Führungskräfte und Teams sind für einen Wandel zu agilen Methoden wichtig

	für die neue Methode brennen, und auch Unterstützung vom Management und den entsprechenden Support. Insgesamt sehen wir hier oft eine Machtverlagerung von top-down zu Service-Leadership, das heißt der Manager hat mehr eine unterstützende Funktion. Änderungsbereitschaft bezogen auf die Führungskräfte und die Fähigkeiten für agile Rollen sind ein Thema. Insgesamt ist der Wandel hin zu agilen Vorgehensweisen ein echtes Change-Projekt. (ironisch: Man müsste also ein klassisch geführtes Projekt aufsetzen, um agile Methoden einzusetzen).			
	HN: Per se würde ich sagen, dass die Einbindung der Betroffenen, die es zur Anwendung bringen sollen, oberste Priorität ist. Da muss, wie bei anderen Change-Projekten, die Masse mitgenommen werden, indem Sie versteht was passiert und auch versteht, dass die Änderung wichtig ist und eine Lücke füllt. Indem Sie diese mitgestaltet und die Änderung von den Mitarbeitern akzeptiert wird. Das	Die Einbindung der Betroffenen, die es nutzen sollen, hat höchste Priorität. Die Masse muss mitgenommen werden und die Änderungen verstehen. Mitgestaltungsmöglichkeiten und das Zusammenbringen der Befürworter und Gegner ist wichtig. Dies ist beispielsweise über eine kommunikative Einbindung und Arbeitsgruppen möglich.	Alle Mitarbeiter müssen eingebunden werden, Änderungen müssen klar kommuniziert werden und alle Parteien sollen miteinander sprechen.	Mitarbeiter einbeziehen

	ist insbesondere wichtig, wenn man Scrum einführt oder als hybride Methodik einbringt. Es gibt ja sonst auch immer Mitarbeiter, die eher die eine Lehre von Scrum bevorzugen, und es gibt Menschen, die der Auffassung sind, dass nur einzelne Teile von Scrum verwendet werden sollten. Und die Parteien muss man an einen Tisch bringen, sodass beide sich immer noch in die Augen sehen können und einvernehmlich sagen können, diese Lösung ist gut für unsere Firma. Deshalb würde ich auch da kommunikativ einbindend vorgehen, die interessierten Personen auch in Experten-Gruppen einbinden und einen Standard für die Firma definieren.			
	TG: Dinge wie Daily Standups stellen auch eine Form von Micro-Management dar. Scrum ist ein kurzfristiges Feedbackmodell, in dem es wenig zeitlichen Spielraum für die Mitarbeiter gibt – das muss man nicht mögen. MS: Damit geht ja auch eine hohe Kontrolle einher.	Daily Standups stellen auch eine Form von Micro-Management dar. Scrum ist ein kurzfristiges Feedbackmodell, in dem es wenig zeitlichen Spielraum für die Mitarbeiter gibt. Das ist mehr eine Führungsdiskussion. Stellen Sie sich vor Sie haben einen Chef, der will, dass Sie je-	Daily Standups stellen eine Form von Micro-Management dar. Kurzzeitiges Feedback und tägliche Meetings erhöhen den Druck auf die Mitarbeiter und die Kontrolle. Bei Agilität handelt es sich auch um	Agilität bedeutet Kontrolle und ein anderes Führungsverständnis

	TG: Genau – nehmen Sie mal Scrum weg. Das ist mehr eine Führungsdiskussion. Stellen Sie sich vor Sie haben einen Chef, der will, dass Sie jeden Morgen berichten, was Sie gestern gemacht haben und was Sie heute vorhaben. Da würden viele Menschen sagen, das ist ja ein hochgradig kontrollfixierter Micro-Manager. Der gibt mir keinen persönlichen Spielraum. Aber mit Daily Standups passiert unter dem Namen der Agilität genau das.	den Morgen berichten, was Sie gestern gemacht haben und was Sie heute vorhaben. Da würden viele Menschen sagen, das ist ja ein hochgradig kontrollfixierter Micro-Manager. Der gibt mir keinen persönlichen Spielraum. Aber mit Daily Standups passiert unter dem Namen der Agilität genau das.	eine Führungsdiskussion.	
	EH: Meiner Meinung nach muss man hier zwei wichtige Faktoren berücksichtigen. Einerseits muss das Management einbezogen werden. Was ich nicht mehr glaube ist, dass man aus den Entwicklern heraus neue Methoden einführen kann, wenn das Management nicht dahintersteht. Deutlich erfolgreicher ist, wenn das Management hinter dem Change steht. (...) Das zweite was wichtig ist, ist das Coaching. Denn der Coach sollte von außen in das Unternehmen hineinkommen und hat so gegenüber dem Management und den Mitarbeitern einen ganz anderen	Das Management muss bei der Wahl einer neuen Methode einbezogen werden und hinter dem Change stehen. Ein umfassendes Coaching gilt als Erfolgsfaktor, denn der Coach hat einen anderen Stellenwert als die Mitarbeiter. Auch Mentoring- oder Coachingprogramme für die nachfolgende Zeit sind relevant. Wichtig ist, dass sich das ganze Unternehmen verändert. Hierfür müssen alle Stakeholder mit einbezogen und Teams richtig zusammengestellt werden.	Einbeziehung des Managements, umfassendes Coaching, Einbeziehung der Stakeholder und die Zusammenstellung von Teams sind wichtig. Das gesamte Unternehmen verändert sich durch den Einsatz neuer Methoden.	Unternehmenskultur, Führungskräfte und Teams sind für einen Wandel zu agilen Methoden wichtig

	Stellenwert als die eigenen Leute. Sicherlich hat ein Coach auch größere Erfahrungen bei der Einführung neuer Methoden. Es sollten mindestens ein paar Tage Workshop eingeplant werden und im Optimalfall auch ein Mentoring- oder Coaching-Programm für den Anschluss. (...) Hierbei muss uns aber immer klar sein, dass wir die Firmenstrukturen verändern. Unter-nehmen ändern sich und Vorgehens-modelle ebenfalls. Man merkt, wenn man sich lange Jahre mit der Thematik beschäftigt, dass es wichtigere Dinge als den sturen Prozessglauben gibt, dem wir Deutschen ja oft anhängen. Im Grunde genommen kommt es weniger auf die Prozess-fähigkeiten an, sondern mehr auf die richtigen Leute - denn ohne Sie funktioniert der Prozess nicht. Wichtig ist für Unternehmen, Ver-änderungen nicht einfach durch-zuführen, sondern immer die Ansprech-partner und Stakeholder einzubeziehen und Teams richtig zusammenzustellen.			

Tabelle 6: Kategorie 6

Kategorie 7: Auswahl der Projektmanagement-Methode				
Seite	Transkription	Paraphrasierung	Generalisierung	Reduktion
	AV: Je kleiner das Unternehmen und das Projekt, desto leichter ist eine agile Herangehensweise. Denn agil setzt auf Kommunikation, und in einem Großprojekt will ich nicht, dass jeder mit jedem spricht, das ist auch gar nicht notwendig. Bei einer starken Verkettung von Systemen (=viele Systeme, viele Stakeholder) bieten sich klassische Modelle eher an. Je disjunkter die betroffenen IT-Produkte sind, umso leichter können Sie agile Methoden nutzen. (…)Fazit daraus: Am Ende ist es immer ein wenig eine Einzelfallentscheidung.	Bei kleinen, einfachen und disjunkten Projekten bieten sich agile Methoden an. Bei großen, verketteten Projekten sind klassische Modelle passender. Am Ende ist es immer eine Einzelfallentscheidung.	Die Auswahl der Projektmanagement-Methode ist abhängig von den Eigenschaften des Projekts.	Wahl der Methode ist projektabhängig

	HN: Zuerst würde ich sagen es ist projektabhängig. Weil man auf Basis des Projektes leicht entscheiden kann. Jede Branche bringt unterschiedliche Arten von Projekten hervor, das ist richtig. Ich habe Scrum allerdings auch in Projekten eingesetzt, die nichts mit Forschung und Entwicklung zu tun gehabt haben, sondern wo es viel um die Entwicklung von Konzepten oder Berichten ging. So etwas gibt es in jeder Branche, dann halt in den jeweiligen Funktionen.	Ich würde sagen es ist projektabhängig. Jede Branche bringt unterschiedliche Arbeiten von Projekten hervor, die dann unterschiedliche Methoden benötigen.	Die Wahl der Methode ist abhängig vom Projekt, nicht von der Branche.	Wahl der Methode ist projektabhängig

	TG: Das hängt von der Wettbewerbssituation ab. Wenn Sie ein Unternehmen haben, das mit kurzfristigen Wegwerfprodukten arbeitet oder Dingen, die man wegwerfen und neu bauen kann, wo der Marktdruck also hoch ist, schnell neue Features zu liefern, dann eignet sich agil gut. Klassisch ist gut, wenn es eine stabile Umgebung mit bekannten Anforderungen gibt oder die angesprochenen gesetzlichen Aspekte zu betrachten sind. Bei kleinteiligen Projekten bietet sich wieder agil an, wenn Sie die Projekte auf wenige Personen aufteilen können. Bei Großprojekten ist es schwierig, diese auf mehrere Teams aufzuteilen. Hybrid ist dadurch, dass man beliebig skalieren und kombinieren kann, wahrscheinlich für alle Graubereiche gut geeignet.	Die Wahl der Methode hängt von der Wettbewerbssituation und den angebotenen Produkten ab. Bei Wegwerfprodukten mit schnellen Lebenszyklen passen agile Methoden gut, in einer stabilen Umgebung mit strengen Anforderungen klassische. Bei kleinteiligen Projekten kann man agil arbeiten, bei großen Projekten ist dies schwierig. Hybride Methoden eignen sich für Graubereiche, da man flexibel aus den Methoden wählen kann.	Die Wahl der Methode ist abhängig von der Wettbewerbssituation, den angebotenen Produkten und der Größe des Projekts. Hybride Methoden eignen sich für Graubereiche.	Wahl der Methode ist projektabhängig

	EH: Also ganz ehrlich: Vor Jahren hätte ich Ihnen ganz klare Branchen sagen können, heute glaube ich es ist eher projektabhängig. Dabei gibt es aber schon klare Tendenzen: Im Bereich von Pharma, Militär, bei Banken, haben wir ein sehr reguliertes Umfeld, in dem wir mit hybriden und agilen Methoden Probleme haben. In der Zwischenzeit merke ich aber, dass auch aus diesen Branchen die Anfragen kommen. Ich glaube einfach nicht mehr, dass man diese Beschränkungen aufrechterhalten kann. Vielfach geht es dort dann auch in Richtung hybrid und die Denkweise ist: Was wir hier intern machen, ist unsere Sache, die Behörde verlangt aber bestimmte Prozessschritte und Dokumente, die wir liefern. Dann sind wir bei einem hybriden Ansatz. Reines Scrum werden die wohl nie tun, einfach, weil sie es nicht dürfen. Vor fünf Jahren hätte ich Ihnen hier noch eine ganz andere Antwort gegeben. Ich bekomme mittlerweile aus allen Bereichen Anfragen, zum Beispiel	Vor einigen Jahren gab es klare Abgrenzungen, welche Methode sich für welches Umfeld eignet. Heute ist es projektabhängig und Anfragen kommen aus konträren Bereichen, wie es früher noch nicht denkbar gewesen ist. Vielfach ergibt sich auch hier der Wunsch nach einer Kombination von Methoden – also einer hybriden Vorgehensweise.	Die Wahl der Methode ist nicht mehr abhängig von der Branche, sondern eher vom jeweiligen Projekt. Die Tendenz geht hin zu hybriden Methoden.	Wahl der Methode projektabhängig

	kommt agil ja eigentlich aus der Entwicklung, ich habe aber bei einem großen Medizintechnik-Hersteller eine Schulung gemacht, bei der es um Marketing ging. Da war ich auch überrascht.			

Tabelle 7: Kategorie 7

Kategorie 8: Relevanz von Know-how				
Seite	Transkription	Paraphrasierung	Generalisierung	Reduktion
	AV: Ich glaube, die Herausforderung für viele Projektleiter ist nicht, dass sie nicht alle Methoden kennen, sondern dass sie aus dem Gesamtbaukasten die richtige Methode zum richtigen Zeitpunkt auswählt, denn das ist schwierig.	Herausforderung für Projektleiter ist die Auswahl der richtigen Projektmanagement-Methode zur richtigen Zeit, weniger die Kenntnis aller Methoden.	Die Auswahl der richten Methode für das aktuelle Projekt ist schwierig.	Know-how und Erfahrung relevant
	HN: Aber wenn das Team selbst weiß, was es für Methodik-Teile zur Verfügung hat und diese dann effizient einsetzt und dabei nichts vergisst, dann ist natürlich der Vorteil (Anm.: hybrider Methoden) maximal.	Wenn das Team die Methodik-Teile kennt und einsetzen kann, ist der Vorteil hybrider Methoden maximal.	Kenntnisse der Methodik und deren Einsatz sind Erfolgsfaktoren.	Know-how und Erfahrung relevant
	TG: Der Nachteil ist, dass man eine Kombination erzeugen muss, die zusammen gut funktioniert. Und dafür benötigt man relativ tiefgehendes Projektmanagement-Know-how, sowohl in agilen als auch in klassischen Methoden. Man muss den Sinn der Methodik und die Grenzen verstanden haben. Die Anforderungen an die Projektmanager sind also hoch.	Um eine Kombination aus den Methoden zu erhalten, die gut funktioniert, ist tiefgehendes Know-how wichtig. Man muss Sinn und Grenzen der Methodik verstehen. Die Anforderungen an Projektmanager sind also hoch.	Know-how und Erfahrung sind wichtig, damit eine gut funktionierende Kombination der Methoden entsteht.	Know-how und Erfahrung relevant
	EH: Ich sehe hier wenig Nachteile, wichtig ist aber, dass man einen breiten Erfahrungsschatz im Bereich der Projektmanagement-Methoden hat.	Wichtig ist eine breiter Erfahrungsschatz im Bereich der Projektmanagement-Methoden.	Erfahrung ist ein relevanter Faktor.	Know-how und Erfahrung relevant

Tabelle 8: Kategorie 8

Kategorie/ Interviewpartner	Alexander Volland	Helge Nuhn	Thomas Greb	Eckhart Hanser
Kat. 1: Adaptivität agiler Methoden / Umgang mit hoher Change-Frequenz	Adaptivität agiler Methoden/ Umgang mit hoher Change-Frequenz	Adaptivität agiler Methoden/ Umgang mit hoher Change-Frequenz	Adaptivität agiler Methoden/ Umgang mit hoher Change-Frequenz	Adaptivität der Software ermöglicht effizientere Arbeit
Kat. 2: Planbarkeit	Gute Planbarkeit klassischer Methoden	Gute Planbarkeit klassischer Methoden	Gute Planbarkeit klassischer Methoden	Pseudo-Planbarkeit klassischer Methoden
Kat. 3: Nutzung hybrider Methoden	Nutzung hybrider Methoden wächst, aber oft Mehraufwand	Nutzung hybrider Methoden wächst	Nutzung hybrider Methoden wächst	Nutzung hybrider Methoden wächst
Kat. 4: Potenziale hybrider Methoden	Potenziale werden durch hybrid nicht voll ausgeschöpft	Das Beste aus den Welten wird genutzt	Das Beste aus den Welten wird genutzt	Das Beste aus den Welten wird genutzt
Kat. 5: Regulierung von Projekten	Bei Regulierung auf klassisches Projektmanagement zurückgreifen	-	Bei Regulierung auf klassisches Projektmanagement zurückgreifen	Bei Regulierung auf klassisches Projektmanagement zurückgreifen
Kategorie 6: Änderungsbereitschaft, Teams/ Führungskräfte / Unternehmenskultur	Unternehmenskultur, Führungskräfte und Teams sind für einen Wandel zu agilen Methoden wichtig	Mitarbeite mit einbeziehen	Agilität bedeutet Kontrolle und ein anderes Führungsverständ-nis	Unternehmenskultur, Führungskräfte und Teams sind für einen Wandel zu agilen Methoden wichtig
Kat. 7: Auswahl der Projektmanagement-Methode	Wahl der Methode projektabhängig	Wahl der Methode projektabhängig	Wahl der Methode projektabhängig	Wahl der Methode projektabhängig
Kat. 8: Relevanz von Know-how	Know-how und Erfahrung relevant	Know-how und Erfahrung relevant	Know-how und Erfahrung relevant	Know-how und Erfahrung relevant

Tabelle 9: Übersicht über Antwort-Kategorien und Interviewpartner

Danksagung

Hiermit möchte ich all jenen danken, die mich bei der Erstellung meiner Masterthesis unterstützt haben. Allen voran möchte ich meinen Betreuern Prof. Dr. Thomas Neunert und Prof. Dr. Ralf Kneuper Dank aussprechen, die mir bei jeder Frage mit Rat und Tat zur Seite standen und mich mit ihren kritischen Fragen und hilfreichen Tipps auf den richtigen Weg geführt haben. Ein herzliches Dankeschön auch an Herrn Dr. Kneuper, der mich bei der Auswahl und Ansprache der Interviewpartner für diese Arbeit unterstützt hat. Allen Experten, die durch die Mitteilung ihrer Sichtweise in Bezug auf das gewählte Thema einen wichtigen Beitrag für diese Arbeit geleistet haben, danke ich für die aufgewendete Zeit und die vielen interessanten Informationen. Durch ihre Unterstützung konnte ich den empirischen Teil der Arbeit mit Leben füllen und neben der Literatur auch praktische Stimmen mit einfließen lassen.
Auch meiner Familie und meinen Freunden möchte ich für die Ermutigungen und die Geduld sowie die vielen geopferten Stunden für die Korrekturlesung danken.